"十四五"职业教育国家规划教材

职业教育旅游大类系列教材·烹饪专业

冷菜冷拼制作技艺

浙江省教育厅职成教教研室◎组编
张建国◎主编　沈勤峰◎执行主编

图书在版编目（CIP）数据

冷菜冷拼制作技艺／张建国主编．— 北京：北京师范大学出版社，2017.9（2024.7重印）
ISBN 978-7-303-22492-0

Ⅰ．①冷…　Ⅱ．①张…　Ⅲ．①凉菜－菜谱－中等专业学校－教材　Ⅳ．①TS972.121

中国版本图书馆CIP数据核字（2017）第130922号

教材意见反馈： gaozhifk@bnupg.com 010-58805079
营销中心电话： 010-58802755　58800035
编辑部电话： 010-58802751

出版发行：北京师范大学出版社 www.bnup.com
北京市西城区新街口外大街12-3号
邮政编码：100088
印　　刷：天津市宝文印务有限公司
经　　销：全国新华书店
开　　本：889 mm × 1194 mm　1/16
印　　张：9.75
字　　数：218千字
版　　次：2017年9月第1版
印　　次：2024年7月第13次印刷
定　　价：35.00元

策划编辑：王云英　　责任编辑：王云英
美术编辑：高　霞　　装帧设计：华泰图文
责任校对：陈　民　　责任印制：马　洁　赵　龙

浙江省中等职业教育烹饪专业课改新教材编写委员会

主　　任：朱永祥　季　芳

副 主 任：吴贤平　程江平　崔　陵

委　　员：沈佳乐　许宝良　庞志康　张建国

于丽娟　陈晓燕　俞佳飞

《冷菜冷拼制作技艺》编写组

主　　编：张建国

执行主编：沈勤峰

副 主 编：邵　林　裘海威

编写人员：沈勤峰　张建国　邵　林　裘海威　姚　楠　周武杰

前　言

冷菜是现代宴席的重要组成部分，在上菜次序上，冷菜通常都是放在最前面，起到点饥开胃的作用。冷菜制作技法独特，按其烹调特征，可分为拌炝腌类、醉糟泡类、煮烧类、卤酱类、糖粘类、冻制类、脱水类等。冷菜烹调技法多样，成菜滋味稳定，风味自成一体，携带食用方便，拼摆成型手法变化多端，造型复杂繁多，艺术性强。特别是艺术拼盘，不仅食用价值高，更以其艺术欣赏特点，使人心旷神怡，兴趣盎然，对于活跃宴会气氛，起到锦上添花的作用，优美的造型和色泽搭配对整桌菜肴的质量有着重要的影响。

本书以习近平新时代中国特色社会主义思想和党的二十大精神为指导，坚持立德树人根本任务。针对中等职业教育实践能力和职业技能的培养目标，充分体现教、学、做、评一体化的教学模式，使学生掌握冷菜制作和拼摆所需的基础知识和基本技能，学习冷菜制作和拼摆各个环节的技术要领，做到实用与够用相统一，实战与理论互补。在制作菜品的过程中，培养学生严谨细致、一丝不苟、精益求精的工匠精神。通过项目引领，有机地把中式烹调师职业标准的相关要求融入具体的任务中，通过训练使学生具备以下职业能力：

- 了解冷菜间器具的使用和卫生消毒技能。
- 掌握冷菜制作的基本技法。
- 掌握冷菜拼摆的手法。
- 学会常用组合冷拼的制作。
- 了解艺术冷拼的制作。

本书共分六个教学项目，总参考学时为108学时，建议学分数为6学分，各项目参考学时如下所示：

项　目	教学项目	建议学时
一	冷菜间实训操作认知	4
二	基础冷菜制作（一）	16
三	基础冷菜制作（二）	16
四	冷菜拼摆手法	16
五	常用组合冷拼	24

续表

项　目	教学项目	建议学时
六	艺术冷拼制作	32
合　计		108

由于本书编写时间较为仓促，不当之处在所难免，衷心希望使用本书的广大师生能够提出宝贵意见。

编　者

2017年4月

目 录

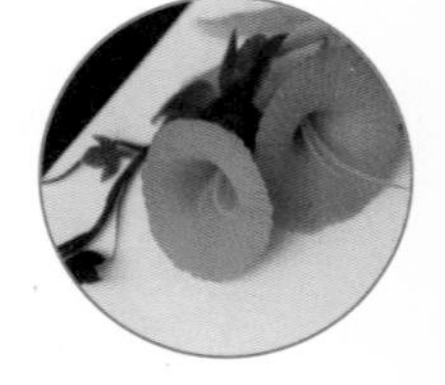

项目一　冷菜间实训操作认知

项目描述

冷菜的制作与拼摆，必须借助一定的设备和工具。当今厨房设备和工具越来越美观、先进、耐用且多功能，这对提高菜肴质量、减轻工作人员劳动负担、改善工作环境、提高工作效率起到了非常重要的作用。烹调工作人员必须熟练地掌握各种设备和工具的结构、性能、用途及使用方法，才能运用自如，使制作出来的冷菜、冷拼达到理想的效果。

项目目标

1. 了解冷菜间布局与常用设备的使用以及冷菜间卫生管理制度。
2. 熟悉冷菜制作过程中的卫生要求。
3. 熟悉冷菜常用原料及储藏管理。
4. 培养标准意识和规范意识，养成良好的卫生安全习惯。

项目实施

任务一　冷菜间布局与常用设备

微课小讲堂

主题知识

为规范餐饮业冷菜的制作，加强对冷菜制作的卫生监督管理，预防食物中毒事件的发生，浙江省卫生厅组织制定了《浙江省餐饮业冷菜间与冷菜制作卫生监督指导意见》，对餐饮业、食堂冷菜间的布局、设施提出了具体的要求。

1. 冷菜制作应独立设专间。加工经营场所面积500平方米以下的，冷菜、水果制作可设置在同一间，但应有相对独立的操作区域。500～2000平方米的，冷菜、水果制作宜分间设置。2000平方米以上的，冷菜、水果制作分间设置。

2. 专间面积应与就餐场所面积和就餐人数相适应，原则上应大于食品处理区面积的10%，最小不得少于5平方米。

3. 专间不得设置两个以上（含两个）的门，专间门宜能自动关闭。专间内如有窗户的应为封闭式（可开闭式的传递食品用的窗口除外）。专间出入门应避免与厨房原料通道及餐饮餐具回收通道等产生交叉污染。

4. 宜在靠近食品烹饪区方向设置开合式进菜口，在靠近厨房跑菜通道方向设置出菜口，进、出菜口应采用开合式输送窗，窗口大小应以可通过传送的食品容器为准，在开合式玻璃窗两面可设置用于暂时放置食品容器的台面。

5. 专间在人员入口处应设洗手消毒、更衣区域和设施，洗手消毒设施上方应有醒目的“六步法”洗手消毒图示。500平方米以上专间应设预进间，预进间面积与实际操作人数相适应。

冷菜、冷拼制作的主要设备与热菜制作所需的设备有相同之处，也有它自身的特点和要求。按功能来划分，可分为加热设备、排风设备、清洗设备、冷藏设备以及其他设备等。

烹饪工作室

一、加热设备（炉灶）

加热设备主要是炉灶。“炉”用于烘、烤、熏等烹调方法，加热时以辐射热为主，火力要求均匀持久，一般在烹调中不用水、油、汽作传热介质，如烤鸭炉、烘炉等，“灶”用于炸、烧、煮等烹调方法，以利用传导热与对流热为主，火力要求集中，一般在烹调过程中用水、油、汽作传热媒介，如炒灶、蒸灶等。但餐饮业对“炉”“灶”常不作区别，统称炉灶。

图1-1-1/炒灶
图1-1-2/蒸烤箱

二、清洗设备

厨房清洗设备较多，最常见的有洗涤水槽、滤水台、消毒柜等。

目前冷菜厨房的洗涤水槽以不锈钢材料居多，其规格多种多样，具体规格可根据冷菜厨房大小与厂房联系直接订购。

蒸汽消毒柜有大有小，式样多种多样，有的用电将水加热产生蒸汽，有的从锅炉输送蒸汽。

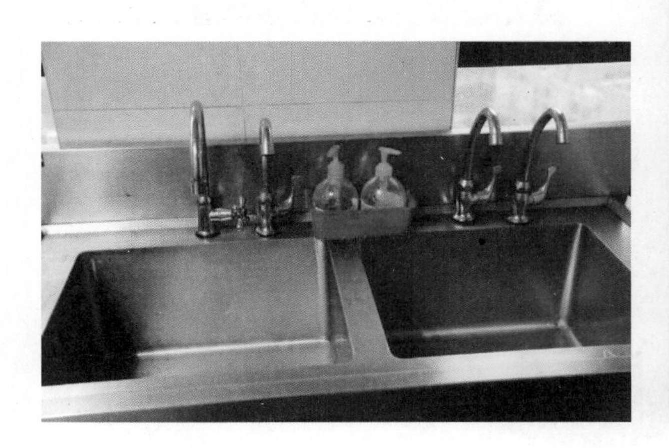

图1-1-3/洗涤水槽
图1-1-4/消毒柜

三、冷藏设备

现代的冷菜厨房必须要有各种冷藏设备，保证冷菜原料及冷菜新鲜不变质。

图1-1-5/冰箱
图1-1-6/冰箱

行家点拨

冷菜间一般布局

冷菜是先烹制调味后切配装盘，因此需要更加严格的卫生控制，在布局上一般有所侧重。规范的冷菜间从员工进入、到切配装盘再到出菜都有严格的要求。

1. 进入冷菜间前，需要进行二次更衣、在入口处挂有明显的“二次更衣”指示牌。同时根据“六步法”清洗程序进行手部消毒。

图1-1-7/更衣区域
图1-1-8/洗手消毒区域

2. 进入冷菜间后应规范操作，注意个人卫生、操作卫生，遵守职业操作守则，各种工具摆放规范有序。

图1-1-9/冷菜间
图1-1-10/个人卫生

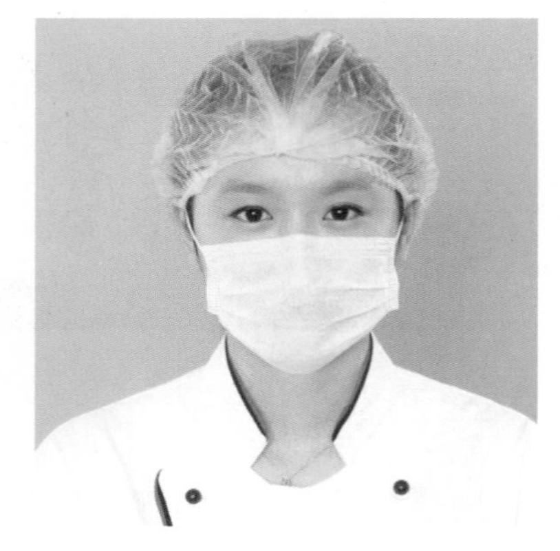

图1-1-11/出菜口

3. 出菜口应采用开合式输送窗，窗口大小应以可通过传送的食品容器为宜，在开合式玻璃窗两面可设置用于暂时放置食品容器的台面。

相关链接

冷菜、冷拼制作的主要工具

1. 炒锅

炒锅有生铁锅、熟铁锅、不粘锅三大类，规格直径为30～100厘米不等。熟铁锅比生铁锅传热快，不易破损；熟铁锅和不粘锅有双耳式与单柄式两种。

图1-1-12/双耳锅
图1-1-13/单柄锅

2. 勺子 、剪刀

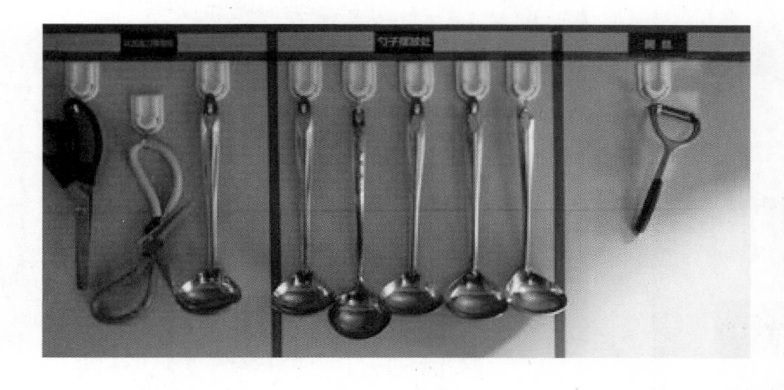

图1-1-14/勺子等小工具
图1-1-15/不锈钢桶

3. 不锈钢桶（又称圆低桶）

不锈钢桶常用于烧煮大量的冷荤菜，如酱鸡、盐水鸭、卤牛肉等，桶形两旁有耳把，上有盖，规格直径与高度均在20～60厘米不等，如图1-1-15所示。

4. 砧墩、刀具

砧墩又称菜墩，是对原料进行刀工操作时的衬垫用具，冷菜间的砧墩最好选用橄榄树或银杏树（白果树）等材料来做，因为这些树的木质坚密且耐用。制墩材料要求树心不空，不烂、不结疤，而且颜色均匀且无“花瓣”。也有冷菜间用白色塑料制成的塑料圆形砧墩。

图1-1-16/砧墩
图1-1-17/刀具

精品赏析

冷菜间其他设备

1. 工作台

工作台规格式样很多，都是由不锈钢制成。

2. 空调、制冰机

图1-1-18/空调
图1-1-19/制冰机

3. 微波炉、保洁柜

图1-1-20/微波炉
图1-1-21/保洁柜

冷菜间的设备随着社会与餐饮的发展变化而不断更新，在这里不能一一列出，同学们应该多学习、多交流，做到与时俱进。

微课小讲堂

任务二　冷菜间卫生管理

主题知识

冷菜和热菜在制作工艺程度上最大的差别就是：热菜一般是先切配后烹制调味；而冷菜一般则是先烹制调味后切配装盘。也就是说冷菜材料经过刀工处理，经拼摆装盘后直接供客人食用，加之冷菜材料在经刀工处理和拼摆过程中，因周围环境的影响以及其自身氧化等因素而极易被污染或腐败变质，一旦疏忽，就会带来某种传染疾病，甚至引起食物中毒等现象，其后果的严重性可想而知。故而，冷菜的制作需要更加严格的卫生控制，更需要符合卫生的规范化操作。

冷菜间的卫生主要包括环境的卫生、工具与设备的卫生控制、制作过程的卫生要求、操作人员的卫生要求以及冷菜原料的卫生控制。

冷菜制作过程中的卫生要求

冷菜制作过程中的卫生要求，归纳起来有以下几个方面。

1. 洗手消毒

图1-2-1/洗手示意图

在冷菜的制作过程中，手与冷菜材料直接接触是难免的，因此，冷菜间的操作人员在进入冷菜间加工操作之前对手的消毒尤为重要，切不可忽视。一般可用3%的高锰酸钾溶液或其他消毒液对手进行浸洗，也可用70%的酒精擦洗，确保操作人员的手的清洁卫生。

2. 穿工作服、戴工作帽

图1-2-2/规范仪表

冷菜间的工作人员在进冷菜间操作前必须穿工作服、工作鞋，戴工作帽和口罩，并严禁他人随便出入冷菜间，以免冷盘菜品或环境受到污染。

3. 冷菜制作的时间与速度的要求

冷菜间工作人员的冷菜制作工艺技术应娴熟、迅速和准确，尽量缩短冷盘菜品的成形时间。因为冷盘的拼摆时间越长，菜品遭受污染的可能性就越大。一般而言，小型单碟冷盘宜在数分钟内完成，即使是相对较为复杂的大型“花式冷盘”，亦应在30分钟之内完成。

4. 冷盘菜品的保鲜要求

所有的冷盘菜品成形后，均应立即加盖（有的冷盘餐具带盖）或用保鲜膜密封放置，直至就餐者就座后由服务生揭去保鲜膜（或盖）供就餐者食用。这样既可以防止冷盘菜品受到污染，同时也可以保持菜品应有的水分，以免冷盘菜品失水而变形、变色，影响菜品应有的风味特色。

5. 冷菜材料隔日使用的卫生要求

在烹饪行业中，冷菜材料的制作往往是相对批量生产的，尤其是采用动物性烹饪原料制作而成的冷盘材料，如“腐乳叉烧肉”“五香酱牛肉”“盐水鸭”等，因而当日剩余的冷菜材料多是第二天继续使用。但是，对于当日剩余的冷菜材料，当天一定要重新回锅加热，待冷却后加以冷藏保存，在次日使用前，仍需入锅重新烹制，以免冷菜材料受污染而变质。另外，夏季的冷菜材料每隔 6 小时就应再回锅加热烹制一次。这样，才能确保冷盘菜品的清洁卫生。当然，我们在冷菜材料的制作过程中，尽量根据本店的经营状况掌握烹制冷菜材料的数量，使其与当日的销售量基本相符。这样，既能最大限度地保持冷盘应有的风味特色，又确保了每天的冷菜材料新鲜卫生。

行家点拨

手与冷菜材料直接接触是难免的，在进入冷菜间加工操作之前对手的消毒尤为重要，切不可忽视。

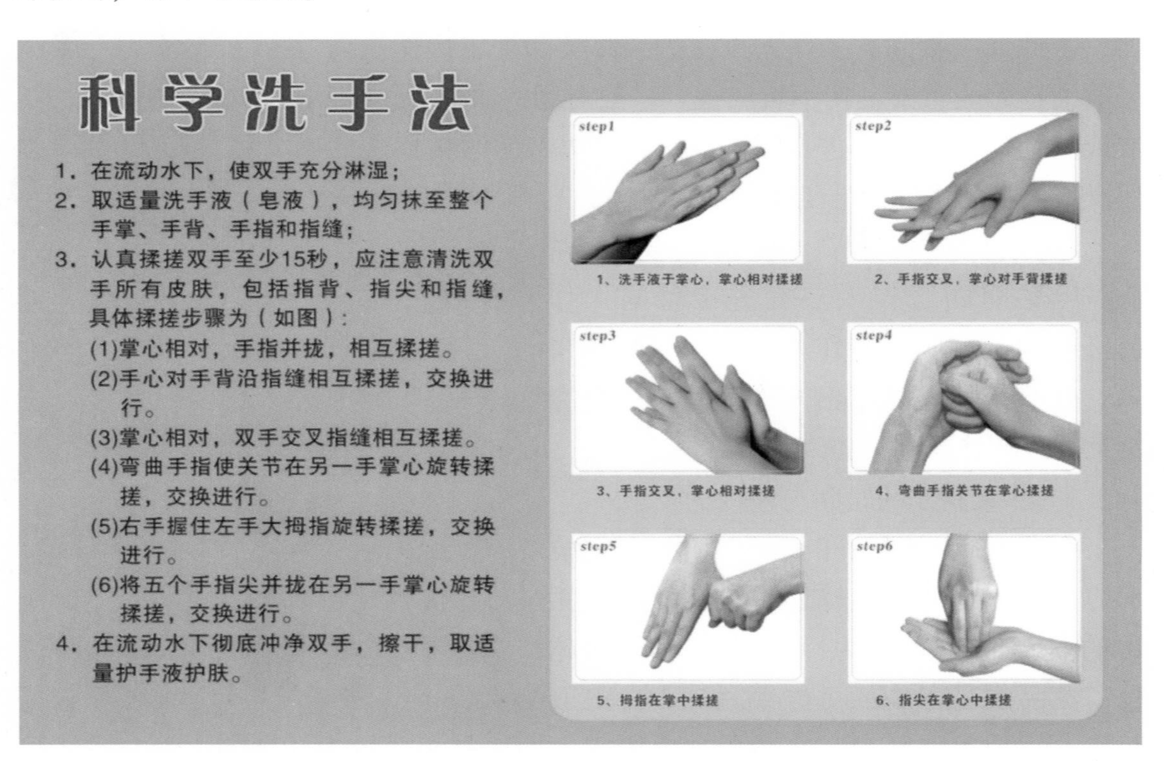

图1-2-3/六步洗手图

相关链接

厨房卫生管理制度

一、厨房工作人员操作时必须穿戴好工作服、发帽，做到“三白”（白衣、白帽、白口罩），并保持清洁整齐，做到文明操作，不赤背、不光脚，禁止随地吐痰。

二、厨房工作人员必须做好个人卫生，要坚持做到“四勤”（勤理发、勤洗澡、勤换衣、勤剪指甲）。

三、厨房工作人员必须持有卫生防疫部门办理的健康证和岗位培训合格证，炊事人员无健康证不得上岗。

四、不得采购和制售腐败变质、霉变、生虫、有异味或《食品卫生法》规定禁止生产经营的食品。

五、盛放酱油、盐等副食调料要做到容器物见本色，加盖存放，清洁卫生。

六、公用餐具应有专用洗刷、消毒和存放设备，剩菜剩饭必须倒进加盖的残渣桶内，并及时清运。

七、厨房应做好消毒、冲洗、采光、照明、通风、防蝇、防尘等措施，以及畅通的上下水管道。

八、剩饭、剩菜要回锅彻底加热再食用，发现变质食物，坚决不得食用。

九、就餐时间，餐厅应设有保洁员及时清理餐桌、打扫餐余垃圾，以保证就餐环境的卫生。

十、餐厅员工要按时上班下班，工作时间内不得擅离职守或早退，班后无事不得在厨房逗留。

十一、爱护厨房的一切器具，注重所有设备的定期维修、保养，节约用水、用电或易耗品，不乱拿公物，不准将有用的公物随手丢弃。

十二、注意防火防盗，防食物中毒。如发现事故苗头或闻到异味，必须立即查找并及时报告，切实清除隐患。

精品赏析

冷菜点缀中的卫生要求

在冷菜工艺中点缀是一种装饰方式，通过点缀能使冷盘菜品在色、形等方面更加和谐与完整，一般并不具有食用的直接意义。然而，从卫生的角度而言，点缀的卫生与否和冷盘菜品的质量有着密切的关联，因此，同样不可大意。在冷菜的制作过程中，我们常选用一些小型的瓜果或蔬菜原料进行点缀。在使用前我们必须清洗干净，并严格消毒，严禁使用不可生食的瓜果或蔬菜原料（如土豆、南瓜、茄子、四季豆等）进行点缀，以免造成菜品的污染。

图1-2-4/明冷菜间
图1-2-5/瓜果清洗

微课小讲堂

任务三　冷菜常用原料与储藏管理

主题知识

冷菜原料应用广泛，常用的大致可以分为谷物类原料、蔬菜类原料、畜禽类原料、水产品类原料、菌藻类原料、果品类原料等。通过各种冷菜的烹调手法，可以使用这些原料制作出色、香、味、形俱佳的各式冷菜。

冷菜原料的储藏管理也是餐饮企业需要解决的问题，不同质地的原料，需要有不同温度的储藏管理要求。同时，冷菜在制作、储藏中使用的加工工具和设备，在使用前，按要求杀菌消毒处理或及时清理干净，以确保冷菜制作和储藏符合食品安全要求。

烹饪工作室

在本任务中，我们就按冷菜原料的分类列举它们各自能够做哪些冷菜。

一、谷物类原料，它是重要的烹饪原料，也可以做部分的冷菜。主要包括谷类、豆类、薯类以及它们的制品原料。

图1-3-1/蚕豆泥
图1-3-2/兰花香干

二、蔬菜类原料，它是重要的冷菜烹饪原料，主要包括叶菜类蔬菜、茎菜类蔬菜、根菜类蔬菜、果菜类蔬菜、芽苗类蔬菜等。

图1-3-3/秘制大白菜
图1-3-4/南瓜排

三、畜禽类原料，它是家畜、家禽及其副产品的统称，这些原料提供了美味的荤食，同时又提供了优质动物蛋白质，是人类肉食的主要来源。当然也是制作冷菜的主要食材。

图1-3-5/熏鸡
图1-3-6/酱鸭舌

四、水产品类原料，它是可食用的有一定经济价值的水生物、植物原料的统称。大致可分为海洋鱼类、淡水鱼类、虾、蟹等。

图1-3-7/虾干
图1-3-8/红膏炝蟹

五、菌藻类原料，是指那些可供人类食用的真菌、藻类和地衣类等。

图1-3-9/炝小黑木耳
图1-3-10/拌金针菇

六、果品类原料，是人工栽培的木本和草本植物的果实及其加工制品的总称。

图1-3-11/琉璃红枣
图1-3-12/花生

行家点拨

在实际的冷菜制作中，仅仅使用单一的冷菜材料为原料制作冷菜是缺乏创造力的，是不符合餐饮发展的需求的。因此我们可以使用两种或者两种以上原材料进行制作，使几种材料之间相互补充，以更添冷菜的形美、味美。

图1-3-13/五彩香肉卷
图1-3-14/猪尾扣笋尖

相关链接

冷菜原料储存应当保持清洁，无霉斑、鼠迹、苍蝇、蟑螂，不得存放有毒、有害物品以及个人生活用品。食品应当分类、分架存放，离地10厘米以上，并定期检查，使用应遵循先进先出原则，变质和过期食品应及时清除。

1. 冷菜冷藏、冷冻要求：专间内冷藏或冷冻的食品应做到分类存放。冷冻柜应有明显区分标志，设有外显式温度显示装置，冷藏0℃～10℃，冷冻－20℃～－1℃。用于储藏食品的冷藏、冷冻柜应定期除霜、清洁，确保冷藏、冷冻温度达到要求并保持整洁。

2. 冷菜加工制作要求：专间应由专人加工制作，并相对固定，非专间操作人员不得擅自进入专间。应认真检查待配制的冷菜，发现有腐败变质或者其他感官性状异常应停止加工和供应。不得加工外购散装直接入口的各类熟食制品和不能直接入口的生食食品。制作好的冷菜应尽量当餐用完。剩余尚需使用的应存放于专用冰箱内冷藏或冷冻。在适当保存条件下存放时间超过24小时，需再次利用的应充分加热，加热前应确认食品未变质。

3. 现榨果蔬汁及水果拼盘制作要求：用于现榨果蔬汁和水果拼盘的瓜果应新鲜，表皮无破损，并经彻底清洗。制作的现榨果蔬汁和水果拼盘要当餐用完，过餐均不得再次食用。水果榨汁机使用前应清洗消毒，使用后清洗保洁。

精品赏析

在冷菜的拼摆过程中，可以是单拼，也可以是双拼、多拼，还可以根据需要制作各客冷拼，造型丰富多样，色彩美观。

图1-3-15/单拼素烧鹅
图1-3-16/双拼

图1-3-17/各客冷拼
图1-3-18/各客冷拼

项目小结

本项目主要介绍了冷菜间布局与常用设备的使用、冷菜间卫生管理制度、冷菜制作过程中的卫生要求以及冷菜常用原料与储藏管理的相关知识点、相关要求和注意事项。三个项目的内容为同学们今后走上工作岗位并形成职业素养打下坚实基础。其中冷菜常用原料与储藏管理对同学们今后走上工作岗位实用性最强，是本项目学习的重点。

1. 冷菜制作过程中的卫生要求有哪些?
2. 请边演示边讲解“六步洗手法”的具体要求、操作要领。
3. 进入冷菜间前的注意事项有哪些?
4. 常用的冷菜原料大致分哪几类?请各列举5类。

学习感受

____

____

____

____

____

项目二　基础冷菜制作（一）

项目描述

冷菜又名凉菜、冷荤、冷盘，是指经过加工、烹调（有些果蔬只调味，不加热）冷吃的菜肴。个别菜肴根据菜肴口感要求，食用前需要加热。

冷菜的制作是烹调工艺中的重要组成部分，是增添调剂菜肴花样的重要手段之一，冷菜不论在高级宴席中还是普通宴席中，均是与就餐者见面的第一道菜，是整个宴席的“开路先锋”，它的好坏直接影响到就餐者对整个宴席的第一印象，同时也影响宾客的就餐心理以及整个宴席的质量和气氛，所以，在制作冷菜时必须掌握好每道冷菜的技法要领。

冷菜切配的主要原料大部分是熟料，这与其他烹调方法有着截然不同的区别。冷菜的主要特点是：口味干香脆嫩，爽口无腻，色泽艳丽，造型整齐美观，拼摆和谐悦目，还要具有味深入骨，香透肌里，咀嚼有味，品有余香等特点。

项目目标

1. 了解拌、炝、腌、醉、糟、泡、煮的概念、分类和特点。
2. 掌握各种冷菜烹调方法的操作要领。
3. 掌握各种冷菜烹调方法的菜例。
4. 熟悉各种菜例的用料、制法、特点和操作要领。
5. 掌握各冷菜烹调方法的区别。
6. 培养质量意识与成本意识，养成严谨专注、精益求精的职业品质。

项目实施

微课小讲堂

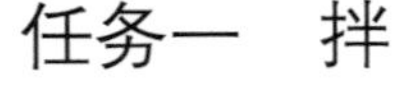

任务一　拌

主题知识

拌是把可食的生料或晾凉的熟料，经切制成小型的丝、丁、片、条等形状后加入各种调味品，直接调拌成菜的一种烹调方法。

拌制类冷菜具有用料广泛、品种丰富、制作精细、味型多样，成品鲜嫩香脆、清爽利口的特点。

拌制冷菜多数现吃现拌，也有的经用盐或糖调味，拌制时沥干汁水，再调拌成菜。拌菜的调味品主要有香油、醋、酱油，也可以根据不同的口味需要加入芝麻酱、胡椒粉、糖、蒜泥、味精、姜末等调味料。根据冷菜原料生熟不同，拌制冷菜可分为生拌、熟拌和生熟混合拌三种。生料加调味品拌制成菜，即为生拌。如“凉拌黄瓜”等。熟拌是指加热成熟的原料冷却后，再进行切配，然后调入味汁拌匀成菜的方法。如“豆苗拌鸡丝”等。生、熟混拌，指原料有生有熟或生熟参半，经切配后，再以味汁拌匀成菜的方法。具有原料多样，口感混合的特点。如“黄瓜拌黑木耳”等。

拌的操作要领：

第一，生拌一定要选用新鲜脆嫩的蔬菜或其他可生食的原料，烹饪原料要洗干净，再切配成型，最后用调味品拌制。

第二，熟拌的烹饪原料，需经过加热处理，断生即可。趁热调味拌匀，便于入味。蔬菜性原料如要保持脆嫩或色泽不变，可把刚出锅的原料随即晾开或放入凉开水中散热。

第三，生熟混合拌时，注意生、熟料的比例。拌制时，熟料需晾凉后再和生料一起加入调味品搅拌均匀，保证质地脆嫩和色泽不变。

烹饪工作室

典型菜例　凉拌双脆

工艺流程

选取原材料→批片切丝处理→焯水处理→调味制作→装盘

主辅料：莴笋200克，笋200克，红椒丝 5 克，蒜泥 3 克

调料：精盐 3 克，味精 1 克，香油10克

工具设备

桑刀一把，菜墩一个，平锅一只，8 寸盘子一只

制作步骤

第一步，莴笋去皮，改刀切成1.5毫米见方的丝，笋去皮切成1.5毫米见方的丝。

图2-1-1/凉拌双脆

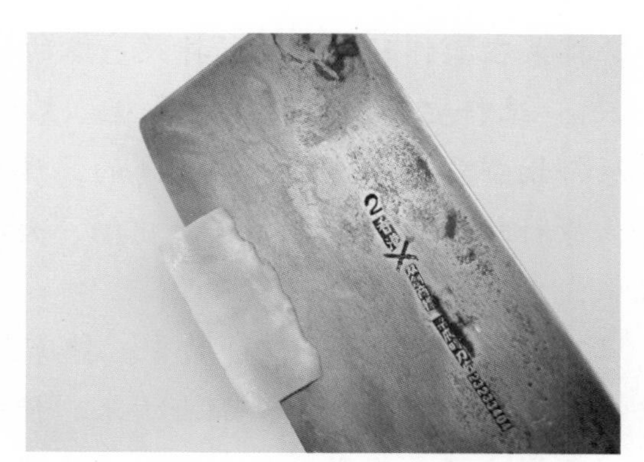

图2-1-2/切片切丝
图2-1-3/批片切丝

第二步，将莴笋丝和笋丝入沸水锅中焯熟。

图2-1-4/切丝原料
图2-1-5/焯水

第三步，将焯过水的原料沥尽水分放入碗中，放入盐、味精、蒜泥、香油拌匀入味装盘即可。

图2-1-6/加入调味品
图2-1-7/调拌均匀

行家点拨

此菜肴各类原料丝的成型粗细均匀，菜肴口味清淡爽口。操作过程中应注意：

1. 原材料选择时，要新鲜脆嫩，莴笋去皮时需将筋络去干净，保证质感。
2. 刀工处理后的原料规格要一致，不宜太粗或太细。
3. 笋丝在调味前先用盐腌制，可以去除部分水分，便于拌制时菜肴入味。
4. 莴笋焯水后，需放入冷水中浸泡数分钟，可以去除笋的苦涩味。
5. 堆放装盘时，掌握底大顶小的原则，成型饱满。

相关链接

拌菜在操作时，在遵循拌菜基本的操作要领之外，还应注意以下基本要求：

1. 选料要精细，刀工要美观。尽量选用质地优良、新鲜细嫩的原料。拌菜的原料切制要求都是细、小、薄的，这样可以扩大原料与调味品接触的面积。因此，原料加工的长短、薄厚、粗细、大小要一致，有的原料剞上花刀，这样既能入味，又很美观。

2. 要注意调色，以料助香。拌凉菜要避免原料和菜色单一，缺乏香气。例如：在黄瓜丝拌海蜇中，加点海米，使绿、黄、红三色相间，提色增香；还应慎用深色调味品，因成品颜色强调清爽淡雅。拌菜香味要足，一般总离不开香油、麻酱、香菜、葱油之类的调料。

3. 调味要合理。各种冷拌菜使用的调料和口味要求有其特色，如“糖拌西红柿”，口味酸甜，只宜用糖调味，而不宜加盐和醋；另外，调味要轻，以清淡为本，下料后要注意调拌均匀，调好之后，又不能有剩余的调味料沉积于盛器的底部。

4. 掌握好火候。有些凉拌蔬菜须用开水焯熟，应注意掌握好火候，原料的成熟度要恰到好处，要保持脆嫩的质地和碧绿青翠的色泽；老韧的原料，则应煮熟烂之后再拌。

5. 生拌凉菜必须十分注意卫生。应冲洗干净，切制时生熟分开，还可以用醋、酒、蒜等调料杀菌，以保证食用安全。

图2-1-8/拌双脆
图2-1-9/凉拌时蔬

精品赏析

拌在冷菜制作方法中运用相当广泛，拌菜操作方便，出菜速度快，菜肴突出鲜嫩香脆、清爽利口。拌菜深受食客的喜欢，下面几款拌的冷菜，制作精细，口感脆嫩，造型美观。

图2-1-10/马兰头拌香干
图2-1-11/生拌萝卜苗

拓展训练

一、思考与分析

什么是拌？生熟混合拌在操作中有哪些要求？

二、菜肴拓展训练

根据提示，选用黄瓜 1 根，黑木耳 5 克，小红椒 1 只，盐 5 克，白糖 3 克，蒜末 5 克，醋10克，香油 3 克，制作一份黄瓜拌木耳。

图2-1-12/黄瓜拌木耳

微课小讲堂

工艺流程

黄瓜洗净改刀切块备用→黑木耳涨发洗净焯水备用→黄瓜和黑木耳入器皿加调味料调拌均匀→装盘成型点缀

制作要点

1. 选择新鲜质嫩的黄瓜，改刀后的黄瓜块需轻拍，便于入味。

2. 黑木耳的泡发，最好选择用25℃左右的温水浸泡，待黑木耳充分吸收水分，恢复到生长时的物理状态即可，且不宜泡发太久。涨发好的黑木耳去硬蒂洗净，入沸水锅中余熟捞出晾凉。

3. 拌制时，注意两种食材的比例为1：1。

微课小讲堂

任务二　炝

主题知识

炝是将新鲜的动、植物性原料，用沸水焯烫或用油滑透，趁热加入各种调味品调制成菜，或直接用生料加以调味的一种烹调方法。炝与拌的区别主要是：炝是先烹后调，趁热调制或生料直接调味；拌是指将生料或凉的熟料改刀后调拌，即有调无烹。

炝有生炝、熟炝两种。生炝是将鲜活的小型动物性原料加以适当的调味料直接炝制食用的一种方法，原料不需要经过加热成熟处理。但在选料上，必须选择鲜活的原料，并在调味过程中需加入白酒、生姜米、胡椒粉或芥末等调料，以达到充分杀菌和调味的效果，如"炝虾、炝膏蟹、炝马家沟芹菜"等，炝的菜肴，因其清爽适口、鲜香浓郁的特点备受人们的青睐，尤其适合于夏季食用。

熟炝是将原料经过预加热成熟后再加调味料入味成菜的一种方法。熟炝一般以软嫩或脆嫩的动植物性原料为主，并且是经过加工后的小型易熟、易入味的原料，如"炝腰花"，脆嫩的植物性原料也有使用的，但相对较少。炝制的菜肴一般需要经过加热处理，原因就在于此。

炝的操作要领：

第一，要掌握好原料的成熟度，可根据原料性质和炝菜要求选择其成熟方法。

第二，炝菜的调味以复合味型调料为准，应掌握好调味料的比例。

第三，炝制菜肴调味以后，应让调味汁稍许渗透至原料中为好，以提高菜肴入味。

图2-2-1/炝腰花

烹饪工作室

典型菜例　炝腰花

工艺流程

选料、初加工→刀工处理→加热熟处理（用沸水焯烫或滑油至断生）→调味装盘

主辅料：猪腰 1 对，大蒜 1

个，生姜 1 块，彩椒各1/4个

调料：盐 5 克，白糖15克，鸡精 5 克，胡椒粉 3 克，蒸鱼豉油50克，美极鲜50克，辣鲜露25克，老抽 5 克，生抽50克，料酒10克，香油 3 克，花椒油 3 克

工具设备

桑刀一把，菜墩一个，不锈钢汤盆一个，10寸圆盘一只，平锅一只，汤碗一只

制作步骤

第一步，猪腰子片成两瓣，将腰臊去净。

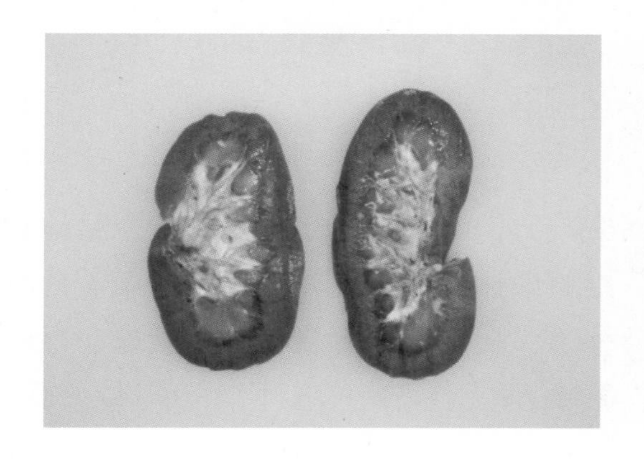

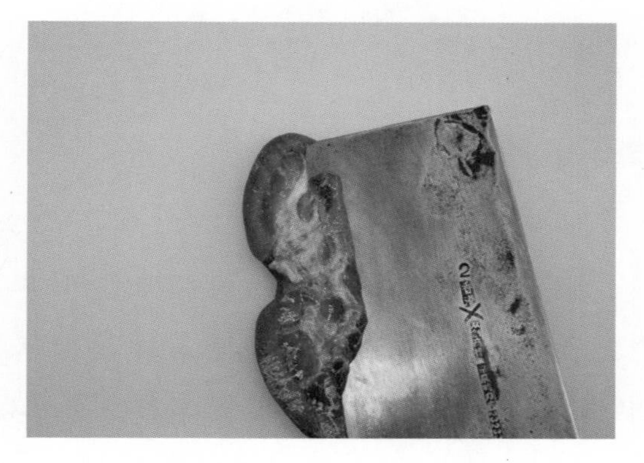

图2-2-2/腰子对开
图2-2-3/去除腰臊

第二步，在猪腰子内壁剞上梳子花刀，然后改刀批片。

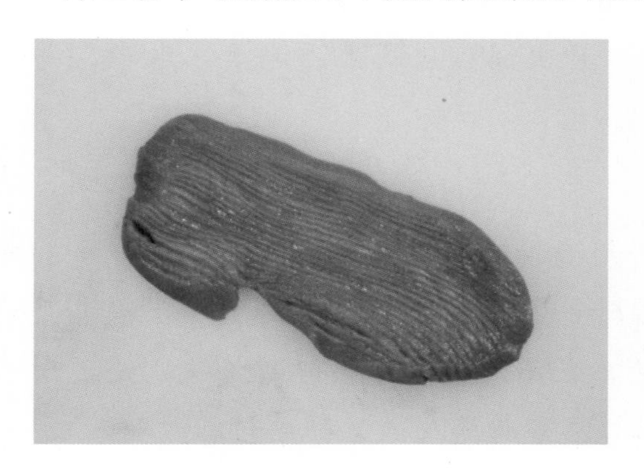

图2-2-4/剞花刀
图2-2-5/批片

第三步，锅内放水，放入腰花，烧沸后立即捞出，投入冷开水中过凉，再捞出，沥干水分，盛入盆内。

图2-2-6/汆水
图2-2-7/冰镇冷却

第四步，另取平锅加调料、大蒜、生姜搅拌均匀后，加入腰花拌匀，最后浇上花椒油即可。

图2-2-8/调汁
图2-2-9/炝拌

行家点拨

炝腰花在制作过程中，需要注意猪腰子的处理和酱汁的调配，两者相辅相成，猪腰子如果内壁上的腰臊未去干净，则腰臊味重，会直接影响整道菜肴的口感，而酱汁的调配也起到掩盖腰花臊味的作用，使整道菜肴显得清爽脆嫩、鲜醇入味，同时，在制作中需要注意以下几点要领：

1. 猪腰子中间的腰臊一定要剔除干净，否则会影响菜肴的口感。
2. 梳子花刀处理时，应掌握好入刀的间距与深度。
3. 腰花易熟，所以焯水时不宜过长，且出锅后应马上浸泡至冰水中，易于腰花口感更脆嫩。

相关链接

炝是制作冷菜常用的方法之一，所用的调料除盐、味精、鸡粉、蒜、姜和花椒油等几种之外，还根据菜肴的特点加以特殊复合型调味料进行调味，成品菜肴具有口味清淡或汁多重口等特点。炝菜的特点是清爽脆嫩、鲜醇入味。炝菜所用原料多是各种海鲜及蔬菜，还有鲜嫩的家禽家畜肉类及内脏等原料。

图2-2-10/婆婆鸡
图2-2-11/江蟹生

精品赏析

炝的菜肴具有浓郁的香味，在调味过程中需要加入相对较多的并具有一定刺激性味道的调味品，如胡椒粉、大蒜、洋葱、花椒、麻油等，并且经过调味以后应当浸泡一段时间，将调味料充分渗透至原料中，以便使其充分入味。

图2-2-12/炝海蜇
图2-2-13/炝蛏子肉

图2-2-14/炝膏蟹
图2-2-15/红油杂菌

拓展训练

一、思考与分析

什么是炝？炝的分类及操作要领是什么？

二、菜肴拓展训练

根据提示，选用新鲜小河虾250克，李锦记天成一味酱油20克，醋30克，白酒 5 克，红腐乳 1 块，白糖 8 克，鸡粉 5 克，香油 5 克，姜末 3 克，蒜末3克，芥末 3 克，小红椒 3 个，香菜少许制作一道炝活虾。

图2-2-16/炝活虾

微课小讲堂

工艺流程

选料初加工，剪去活虾虾须→混合所有调料调制酱汁→将味汁倒入碗中与

虾混合炝制

制作要点

1. 制作此菜肴时，应选择新鲜的活虾。

2. 调味酱汁时，适当加入少许姜、蒜末等辛辣味重的调料食材，以起到增鲜去腥解腻之效果。

3. 酱汁与原料混合后，应炝制片刻，使酱汁充分入味于原料之中。

微课小讲堂

任务三　腌

腌是指以盐、酱、酒、糟为主要调味品，将加工好的原料腌制入味的烹调方法，或用以盐为主的调味品拌和、擦抹或浸渍，排除原料部分水分和异味，便于原料入味的一种方法。

冷菜中采用的腌制方法较多，常用的有盐腌、酱腌等。

盐腌是将原料用食盐擦抹或放盐水中浸渍的腌制方法，是最常用的腌制方法，它也是各种腌制方法的基础工序。盐腌的原料水分滗出，盐分渗入，能保持清鲜脆嫩的特点。经盐腌后直接供食的有“腌芹菜”等。用于盐腌的生料须特别新鲜，用盐量要准确。另一种盐腌的方法是将生料进行调味腌制，腌制好以后进行加热处理，最后再改刀或直接食用的一种方法，如“咸鸡”等。

酱腌是将原料用酱油、黄酱等浸渍的腌制方法。酱腌多采用新鲜的蔬菜，如“酱萝卜条”“酱腌娃娃菜”等。酱腌的原理和方法与盐腌大同小异，区别只是腌制的主要调料不同。

除以上一些腌制方法以外还有醋腌、糖醋腌等。

腌的操作要领：

第一，要掌握每一道菜肴的腌制时间长短，应根据季节、气候的变化、原料的质地、大小而定。

第二，腌制特定菜肴时候，需掌握好调味料的比例。

第三，腌制个别带有腥味的原料，需要在腌制前先对原料进行去腥或在腌制中加入一些香辛料。

典型菜例　腌脆黄瓜

工艺流程

选料初加工→切配、初步熟处理（或直接生料），腌制→静置一定时间→除去水分再拌和其他调料（或直接从调好味的卤汁中捞出）→装盘

主辅料：黄瓜 2 根

调料：芝麻油 3 克，辣椒油 3 克，味极鲜30克，醋15克，糖10克，盐 3 克

图2-3-1/腌脆黄瓜

工具设备

桑刀一把，菜墩一个，平锅一只，10寸圆盘一只

制作步骤

第一步，将黄瓜洗净，改刀切成 6 厘米长的小段。

图2-3-2/黄瓜
图2-3-3/改刀分段

第二步，将黄瓜段采用平刀滚料批片，将其批成0.2厘米厚的片，同时批至瓜瓤处断刀，将其瓜瓤去除。

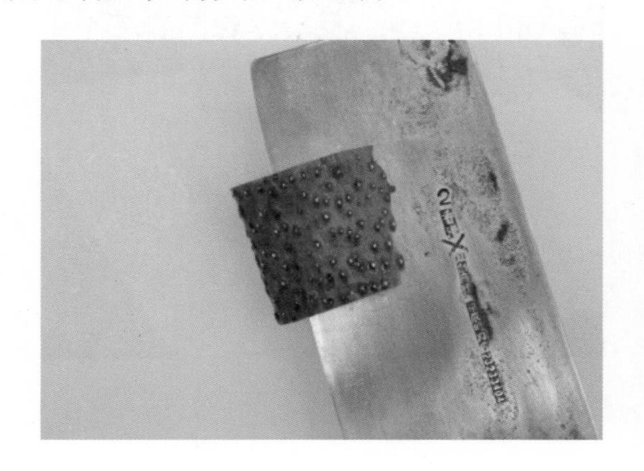

图2-3-4/滚料批片
图2-3-5/去除瓜瓤

第三步，将刀工处理好的黄瓜放入陶瓷器皿中，加调味料，腌制30分钟，最后将腌制好的黄瓜片卷好，整齐摆放于盘中，浇上少许腌制卤汁即可。

图2-3-6/改刀批片后
图2-3-7/调味腌制

行家点拨

此道菜肴酸中带甜，辣味适中，开胃、爽口、消食，操作过程中应注意：

1. 黄瓜洗净要控净水分，否则会影响腌制口感。
2. 滚料批片需掌握好原料的厚薄，厚薄不均匀会导致腌制时入味不一。

相关链接

在腌制过程中，主要调味料是盐，但随着人们的口味变化，加入的调味料从单一的品种发展到多种复合型调味料。腌制成菜的菜品，植物性原料一般具有口感爽脆的特点，动物性原料则具有质地坚韧、香味浓郁等特点，腌制的原料一般使用范围广，大多数的动、植物性原料均适宜于此法成菜，而不同质地的原料，其腌制的时间、调味料使用也不一样，一般要根据原料、口味等选择适宜的调味料进行腌制，如“腌萝卜皮”“腌黄鱼”两道菜肴，其采用的腌制方法和口感就有一定的对比性。

图2-3-8/腌萝卜皮
图2-3-9/腌黄鱼

精品赏析

腌制冷菜不同于腌咸菜，腌是将原料浸渍于调味料中，或用调料涂擦拌和，以排除原料中的水分和异味，使原料入味，并使有些原料具有特殊的质感的制法。调味不同，风味也就各异。同时，腌制类制品的调味中，盐是最主要的，任何腌法都少不了它。腌制的菜肴具有储存保味时间长，鲜嫩爽脆，干香浓郁，味透肌里的特点，且菜品丰富。

图2-3-10/腌脆藕粒
图2-3-11/腌萝卜条

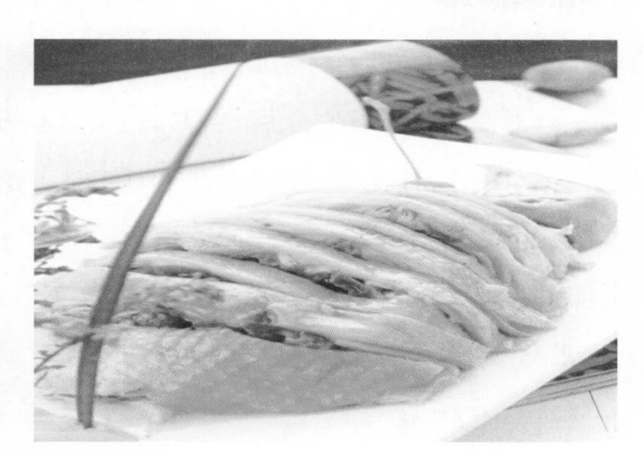

图2-3-12/腌三菜
图2-3-13/咸鸡

拓展训练

一、思考与分析

腌的分类有哪些？分别适用于哪些烹饪原料？

二、菜肴拓展训练

根据提示，选用樱桃萝卜250克，盐25克，醋35克，白糖50克，香油10克，生抽50克，制作一道腌水萝卜菜肴。

工艺流程

选取原料清洗干净沥干水分→初步改刀处理切去萝卜蒂头→调制腌制卤汁→将萝卜放入腌制卤汁中腌制→装盘点缀

图2-3-14/腌水萝卜

制作要点

1. 选用的樱桃萝卜大小应均匀，否则在腌制中入味会不够均匀。

微课小讲堂

2. 萝卜腌制前需清洗干净，且要将其水分沥干，否则会影响腌制的味道。

3. 调制腌制卤汁时，宜最后淹没过萝卜最佳。

微课小讲堂

任务四　醉

主题知识

醉是选用高粱酒或其他优质白酒，加入盐等调味品成醉卤，然后浸泡原料的一种方法。

醉多用蟹、虾等活的动物性原料（也有用鸡、鸭的）。醉制时，通过酒浸将蟹、虾醉死，醉后不再加热，即可食用。醉从用料上可分为红醉（用酱油、腐乳等）、白醉（用白酒、盐等），从原料加工过程又分为生醉（用活的原料直接调制）、熟醉（用经加工的半成品调制）。

醉的菜肴味道鲜美，且酒香浓郁，香中带甜，营养丰富，用料以海鲜居多，选用调味料基本以酒类或辛辣味为主，突出醉卤的本味，且能充分渗透至原料中。如有“醉鸡”“醉蟹”“醉花蛤”“花雕醉鹅肝”等。

醉的操作要领：

第一，醉的菜肴时间长短应根据原料的质地而定。

第二，用来生醉的原料必须新鲜、无污染且符合卫生要求。

第三，不管采用任何哪一种醉制方法，所使用的器皿都要严格进行消毒，注意清洁卫生。

烹饪工作室

典型菜例　醉花蛤

图2–4–1/醉花蛤

工艺流程

精选原料→初步加工→调制醉卤→进行醉制→成型处理→装盘

主辅料：鲜花蛤250克，葱白10克，蒜瓣10克，姜末 5 克，干辣椒 3 个，八角 1 个，花椒 5 克

调料：生抽30克，芥末 3 克，盐 3 克，白糖 5 克，醋 5 克，白酒 3 克，香

油 3 克

工具设备

桑刀一把，菜墩一个，蓝边碗一只，10寸圆盘一只，腰碗一只

制作步骤

第一步，将花蛤用刷子将其刷洗干净，葱姜蒜改刀备用。

图2-4-2/洗净花蛤
图2-4-3/腌制配料

第二步，锅内加水烧沸，将花蛤放入漏勺浸至沸水锅中氽10秒立即捞出。

图2-4-4/腌制调料
图2-4-5/花蛤氽水

第三步，调制醉卤，将花蛤放入醉卤中，醉制24小时即可食用。

图2-4-6/调制醉卤
图2-4-7/放入醉卤醉制

行家点拨

此道菜肴成菜特点肉质鲜美、口感饱满、回味悠长，但在醉制过程应注意以下要领：

1. 选用的食材必须是新鲜的原料，切忌选择不新鲜原料进行醉制。

2. 沸水汆花蛤时候，切记掌握好时间，根据原料大小，选择适宜的时间，一般为8~12秒最佳。

3. 加入白酒要适量，不宜过多，否则会影响原料的质感，同时也会掩盖醉卤的味道。

相关链接

醉菜酒香浓郁，肉质鲜美，原料在醉制前必须洗涤干净，有些活的原料最好能在清水中静养几天，使其吐尽污物，醉制时间应当根据原料而定，一般生料久些，熟料短些。长时间醉制的，卤汁（通常是先调好）中咸味调料不能太浓，短时间醉制的则不能太淡。另外，若以绍酒醉制，时间尤其不能太长，防止口味发苦。醉制菜肴若在夏天制作，应尽可能放入冰箱或保鲜室。无论任何一种醉制方法，盛器必须严格消毒，注意清洁卫生。

图2-4-8/醉青鱼干
图2-4-9/坛子醉香鸡

精品赏析

醉的菜肴现在也逐渐增多，在传统的醉制方法中，加入创新的制作手法，对选料上也进行了很大的改变，在原有的一些常见原料之外，还可以采用一些海鲜周边原料、家禽内脏等进行醉制，其风味独特，如“花雕醉鹅肝”“醉蟹钳”等。

图2-4-10/花雕醉鹅肝
图2-4-11/醉蟹钳

拓展训练

一、思考与分析

什么是醉？醉制的菜肴原料应如何选择？

二、菜肴拓展训练

根据提示，选用膏蟹1只（500克），盐15克，糖5克，黄酒250克，生抽25克，醋50克，白酒10克，花椒5克，姜5克，制作一道醉蟹菜肴。

工艺流程

将蟹洗净沥干水分→调料混合调制醉卤→将沥干水分的蟹放入醉卤中醉制→醉制入味以后即可食用

微课小讲堂

图2-4-12/醉蟹

制作要点

1. 选用制作醉蟹的原料应鲜活，不宜选择死蟹。

2. 醉制时，蟹应该清洗干净且一定要沥干水分，否则带有多余的水分会冲淡醉卤的味道。

3. 醉制过程中，醉卤应掩盖过蟹，这样能充分均匀入味。

任务五　糟

微课小讲堂

主题知识

糟是以香糟卤和精盐作为主要调味品的一种冷菜制作方法。

糟料分红糟、香糟（酒糟）、糟油三种。糟多用鸡、鸭等禽类原料，一般是原料在加热成熟后，放在糟卤中浸渍入味而成菜，如“糟酒鸭舌、糟香毛豆、糟醉三鲜”。糟制品在低于10℃的温度下，口感最好，所以夏天制作糟菜，制作完成后最好放进冰箱，这样才能使糟菜具有凉爽淡雅、满口生香之感。

糟制菜肴对于生原料的加工，往往由于菌力不足而不能使之充分“成熟”，因而常用于糟的方法原料还需要使其加热熟处理，如蒸熟、煮熟、氽熟等，若欲直接将原料糟制“成熟”，还需要借助酒的功能，单一的糟制是难以质变奏效的。因此，可以说凡是糟的方法基本需要借用酒来进行制作，或原料必须要经过熟处理，且熟处理不宜烹制过于酥烂，否则在糟制入味过程中，原料易于变至酥烂，影响口感。从选材方面，多以鲜嫩为宜。最后，就是糟制的时间和糟品保管要适当，可根据季节、糟制时间选择合适的储存环境。

糟的操作要领：

第一，糟制的原料进行熟处理时不宜过于酥烂，一般七成熟即可。

第二，选用的原料应以新鲜、脆嫩为佳。

第三，掌握好各种调味料的投放比例。

第四，可根据不同原料质地等掌握好糟制的时间，对糟卤的保管也要保持干净。

 烹饪工作室

典型菜例　糟醉三鲜

图2-5-1/糟醉三鲜

工艺流程

精选原料→初步熟处理→调制糟卤→糟制入味→成型处理→装盘

主辅料：毛豆150克，花蛤150克，虾蛄 5 只，茴香 5 克，桂皮 5 克，香叶 5 片，甘草10克，陈皮10克，丁香 2 克

调料：糟油100克，味精10克，精盐10克，白糖10克，花雕酒50克

工具设备

桑刀一把，菜墩一个，蓝边碗三只，平锅一只，组合碗一只

制作步骤

第一步，将每一种原料清洗干净，沥干水分备用。

图2-5-2/糟制原料

图2-5-3/调配料

第二步，将所有原料分别入沸水锅中焯熟捞出沥干水分备用。

图2-5-4/原料焯水
图2-5-5/焯水好的原料

第三步，将所有调味料加清水混合入锅烧沸调制糟卤。

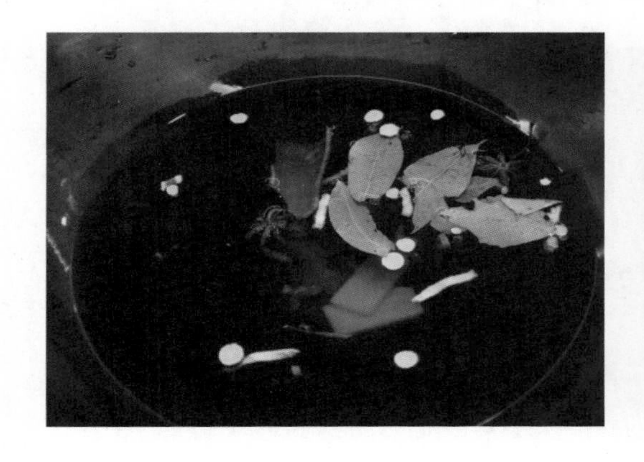

图2-5-6/调制糟卤
图2-5-7/将糟卤煮沸

第四步，将调制好的糟卤倒入碗中冷却，然后将准备好的原料倒入冷却好的糟卤中糟制5～6小时，最后取出整理装盘即可。

图2-5-8/冷却糟卤
图2-5-9/进行糟制

行家点拨

此道菜肴特别突出糟卤的特点，其糟香扑鼻、鲜嫩清口，在制作过程中还需要注意以下几点要求：

1. 糟制的原料必须要新鲜。

2. 糟卤制作好以后要等完全冷却后才可以将原料放入糟制，否则易变质。

3. 糟制多种原料时，应将原料分开糟制，不能多种原料放在同一器皿内一起糟制，否则会有串味现象。

相关链接

糟的制作方法同腌、醉有点相似，故有人称糟亦是醉，醉亦是糟。不同之处在于糟用的是酒糟卤、糟油卤等，而醉用的基本都是酒或酒酿，因此，从制作工艺、调味料（如糟卤）的使用等方面会有一定的区别，两者之间的风味是完全不一样的，所以在制作过程中，切忌将糟与醉、腌等制作方法混淆在一起。

图2-5-10/糟味拼盘
图2-5-11/糟酒鸭舌

精品赏析

糟制类的菜肴常以香糟调味料来作为提鲜物质，适用的范围广，香糟对生料或熟料均可糟制，香糟的菜肴味浓郁，带有一种诱人的酒香，醇厚柔和。而采用的原料也丰富，植物性、动物性原料皆可。

图2-5-12/秘制糟卤脆笋
图2-5-13/糟三宝

拓展训练

一、思考与分析

什么是糟及糟的分类？糟与醉的区别是什么？

二、菜肴拓展训练

根据提示，选用猪蹄1只，香糟汁200克，鲜汤250克，盐10克，花椒 5 克，葱 5 克，姜 5 克，香叶 3 片，制作一份糟汁猪手菜肴。

工艺流程

图2-5-14/糟汁猪手

微课小讲堂

将猪蹄初加工后进行熟处理至酥烂→拣去原汤中的香料并过滤烧沸晾凉→制作糟卤冷却与原汤混合一起→将猪蹄浸泡在糟卤中糟制→糟制入味后取出改刀装盘

制作要点

1. 猪蹄在初加工的时候，应将其表面多余的毛刮干净，并将其内部的骨头斩断（体断皮连）。

2. 熟处理环节，要先将猪蹄过水，去除杂味，再进行入味熟加工。

3. 为了能使糟猪蹄味道更醇厚，熟加工完切记不要将原汤倒掉，应将原汤过滤干净后与糟卤混合在一起，进行糟制。

任务六　泡

微课小讲堂

主题知识

泡是以新鲜蔬菜、水果为原料，经洗涤、切配，不需要加热就直接放入泡菜卤水中泡制的一种方法。

按泡制卤汁及选用原料的不同，大体可分为咸泡和甜泡，咸泡卤以盐、白酒、花椒、姜泡椒、糖等为主要调味品，成品以咸、辣、酸味为主，酸味的产生是发酵作用结果。甜泡卤以糖、白醋等为主要调味品，口味呈酸甜味道。

泡的操作要领：

第一，泡菜要使用专门工具，切忌油腻污染。

第二，泡制原料要新鲜脆嫩，加工处理时要将其切制大小整齐。

第三，泡卤要保持清洁，不得用手直接取用。

第四，泡制时间要根据季节和卤水的新、陈、淡、浓、咸、甜而定。一般冬季长于夏季，新卤长于陈卤，淡卤长于浓卤，咸卤长于甜卤。

第五，泡卤未腐败变质可继续使用，但须将陈物捞尽，这样才能放入新的烹饪原料，并根据泡制次数适量加入其他调味品。

典型菜例　四川泡菜

图2-6-1/四川泡菜

工艺流程

精选原料→刀工处理→调制泡菜卤水→泡制入味→成型处理→装盘

主辅料：包菜500克，胡萝卜100克，苹果1个，姜30克，泡椒1罐，八角10克，花椒10克

调料：白醋400克，盐20克，白糖250克

工具设备

桑刀一把，菜墩一个，10寸圆盘一只，苹果一个，方盘一只

制作步骤

第一步，将原料初加工，包菜洗净沥干水分，改刀放入器皿，加少许盐将其腌制15分钟，用纯净水冲洗干净并沥干水分。

图2-6-2/原材料
图2-6-3/腌制包菜

第二步，将苹果、胡萝卜改刀加入腌制过的包菜中，加花椒、泡椒等配料。

图2-6-4/其他原料切块
图2-6-5/加入泡椒调料

第三步，将剩余调料全部加入搅拌均匀，用保鲜膜密封好，入冰箱放置48小时即可（或使用泡菜坛子进行腌制也可以）。

图2-6-6/加入其余调料
图2-6-7/密封腌制

行家点拨

泡菜的特点是酸甜开胃、脆爽可口、开胃提神，但要将泡菜制作好，除了按照制作泡菜要领的同时，还需特别强调以下一些注意事项：

1. 选择泡菜器皿一定要干净，切忌沾油，否则泡制时易于生霉，另除了选择泡菜坛子外，也可以选择密封的陶瓷或玻璃容器来泡制。

2. 泡制时，可以将野山椒的水加至泡菜卤水中，让泡菜的味道醇厚一些。

3. 泡菜最好用专门的泡菜盐，因为它不含碘，有利发酵，如果买不到，可以去超市找找大粒的粗盐。

相关链接

泡菜是四川与延边地区的特色冷菜菜品之一，成菜具有不变形、不变色、咸酸适口、微带甜辣、鲜香清脆的特点。其制作一般有盐水、出坯、装坛泡制（装入器皿泡制）三道工序。泡菜制成后有多种食用方法，且泡制的类型也多样化，菜式有“韩式泡菜”“老坛泡菜”等。

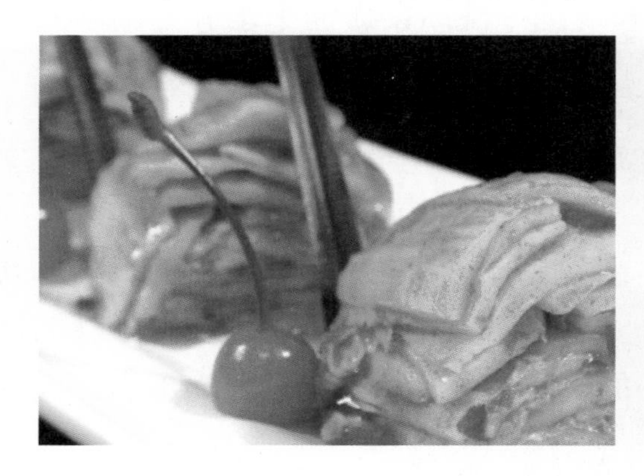

图2-6-8/韩式泡菜
图2-6-9/老坛泡菜

精品赏析

泡菜在餐饮企业中更多的是作为小调味碟使用来调剂口味，随着饮食文化的发展，现在泡菜也逐渐成为单个冷盘菜肴。利用泡的方法可以制作多样化的冷菜，菜肴成品爽口、开胃，继而人们也将泡的制作手法进行创新，以泡为技法制作了各式各类创新菜肴。

图2-6-10/爽口泡木耳
图2-6-11/醋泡海蜇头

拓展训练

一、思考与分析

什么是泡及泡的分类？制作泡菜需要掌握哪些要领？

二、菜肴拓展训练

根据提示，选用鸡爪500克，泡椒250克，生姜20克，蒜瓣20克，干辣椒15克，花椒8克，八角5克，桂皮5克，香叶3片，纯净水1000克，盐25克，白糖30克，白醋80克，制作一道山椒凤爪。

图2-6-12/山椒凤爪

微课小讲堂

工艺流程

鸡爪初加工→改刀熟处理→洗净杂质沥干水分→调制泡制卤水→泡制入味→装盘

制作要点

1. 煮鸡爪时，盐可多放一些，达到提前入味的目的。鸡爪煮好后，用流水冲洗，这样可以把表面的胶质和油腻冲走，避免出现肉冻，冲的时间越久，色泽越白。鸡爪不必煮得太软烂，以保持口感和卖相。

2. 如果买来的泡椒水不够，可以放入等量的纯净水和2大勺米醋。

3. 时间允许可以泡制时间稍微久一点，这样更加入味，并且隔一段时间要翻动一下，让味道更均匀。

4. 如果要想辣味重一点，可以将泡椒切碎后用来泡制。

任务七　煮

微课小讲堂

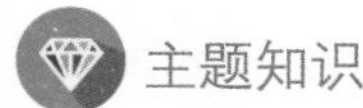

主题知识

煮是将原料进行加工整理并焯水后（或直接）放入开水锅或汤锅中，水的用量以淹没在肉为度，先用大火烧开，然后用小火焖至八成熟，捞起晾凉后改刀装盘，浇上配制好的调味卤汁，如“白切肉”“白切鸡”“盐水毛豆”“金陵盐水鸭”等。

根据其烹调方法，煮可以分为盐水煮和白煮，盐水煮是将原料放入水锅中，锅中加入盐、葱、姜等调味品加热成熟的一种制作方法。白煮是将初步加工好的原料放入水锅或白汤锅内，不加任何调味品煮制成熟，晾凉后改刀装盘，再搭配调味卤汁拌食和蘸食的一种制作方法。

煮的操作要领：

第一，掌握好水与原料的比例，应以淹没原料为宜。盐水煮制时，盐不宜早放。

第二，选料要新鲜，根据各种烹饪原料的质地不同，掌握煮制时间和原料的成熟度。

第三，对于事先腌制过的体大质老的原料，应先泡掉苦涩味或焯水后再煮，煮制时要冷水下锅，烧沸后改小火加热，才能使原料鲜嫩、表面光润。

第四，煮制时原料应全部浸入汤水中，并按时翻动，确保原料成熟度一致。

烹饪工作室

典型菜例　盐水毛豆

工艺流程

精选原料→初加工→熟处理→改刀成形→成型处理→装盘

主辅料：毛豆250克，八角 5 克，桂皮 5 克，香叶 3 片，小茴香 5 克，干红辣椒 8 个，葱10克，姜10克

图2-7-1/盐水毛豆

调料：料酒20克，盐25克，白糖15克

工具设备

桑刀一把，菜墩一个，不锈钢盆一个，平锅一只，10寸圆盘一只，长腰碗一只

制作步骤

第一步，将毛豆反复搓洗，冲净，沥干水分，并逐个剪去毛豆两边的蒂角。

图2-7-2/毛豆
图2-7-3/剪去蒂角

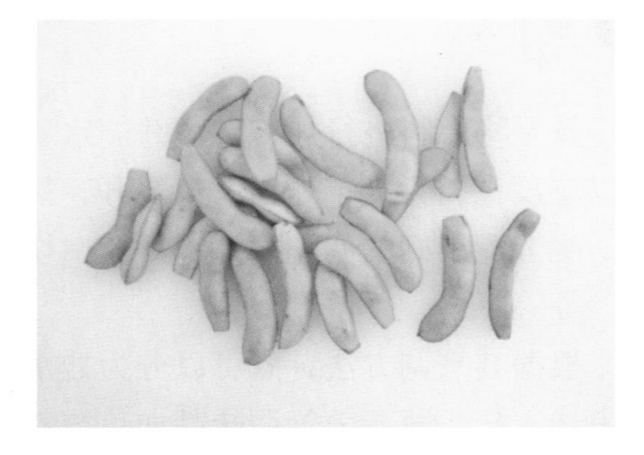

第二步，净锅加水，加入所有调料和配料，加入毛豆大火煮开后，转中小火继续煮 8 分钟关火。

图2-7-4/调味
图2-7-5/煮制毛豆

第三步，将煮好的毛豆捞出用冰水冰镇冷却后沥干水分，原汁晾凉后，再将毛豆浸泡于原汁里30分钟即可捞出装盘。

图2-7-6/冰镇冷却
图2-7-7/浸泡

行家点拨

盐水毛豆是一道比较简单且易于操作的菜肴，此菜清香鲜嫩、佐酒佳肴，但在制作过程中还需要掌握以下一些要领：

1. 煮制毛豆时，盐的量要偏多一点，煮熟的豆子咸淡才能合适。
2. 煮制时间不能太短，否则毛豆未熟不宜食用。
3. 可以将煮好的毛豆冷却以后浸泡于原汁中入冰箱保存。

相关链接

煮是烹饪中的一种常用手段，但是根据煮的内容不同煮也有很多的技巧，例如煮面、煮鸡蛋等也与煮的烹调方法有一定联系。此外，煮和氽、焯相似，但煮比另外两种方法的时间要长，且处理的原料质地也有一定的区别。从煮的调味、用料上分类，煮还可以细分为油水煮、奶油煮、汤煮、糖煮等，此外，也可以将原料经煮制熟处理后进行调味成菜。

图2-7-8/盐水花生
图2-7-9/蒜泥白肉

精品赏析

家禽类的原料质地鲜嫩，经煮制后更加鲜美，冷菜白切鸡是粤菜鸡肴中最普通的一道冷菜，其制作方法简便，刚熟不烂，不加过多配料且保持原味，煮制成熟处理后的白切鸡皮爽肉滑、清淡鲜美，大筵小席皆宜，深受食家青睐。而金陵盐水鸭则是南京著名的特产，也是地理标志性产品，其制作工艺讲究，放置特定的卤汁中煮制，成菜鸭子皮白肉嫩，肥而不腻，具有香、酥、嫩的特点。

图2-7-10/白切鸡
图2-7-11/盐水鸭

拓展训练

一、思考与分析

煮的概念及分类是什么？盐水煮和白煮在烹调方法上有什么区别？

二、菜肴拓展训练

图2-7-12/白切肉

微课小讲堂

根据提示，选用猪臀尖肉500克，小黄瓜1根，盐10克，生姜5克，大蒜3克，酱油10克，醋20克，白糖5克，芝麻油3克，味精2克，制作一道白切肉。

工艺流程

选料初加工→初步熟处理→猪肉改刀切片→黄瓜切片与肉片相叠加装盘→制作调味汁搭配即可

制作要点

1. 选料宜选择猪的后臀肉最佳。
2. 猪肉煮断生，用竹签插入肉中，抽出不见血水溢出即为最佳。
3. 吃时去掉部分肥膘，一般在肉上留0.2厘米厚的肥膘，肉片切得越薄越好。

 项目小结

本项目主要介绍了拌、炝、腌、醉、糟、泡、煮的概念、制作工艺的分类、操作要领、工艺流程、成菜特点。通过主题知识学习让大家了解冷菜制作的烹调技法；通过烹饪工作室让大家体验烹饪过程；通过行家点拨让大家掌握各种菜例的操作要领。通过相关链接及精品赏析开拓大家的视野，及培养精益求精的工匠精神；通过拓展训练，培养实践创新、举一反三的能力，从而掌握各种冷菜烹调方法的精髓。

项目测试

考核内容（一）凉拌双脆

1. 考试时间：30分钟
2. 考核形式：实操
3. 考核用料：

主辅料：莴笋200克，笋200克，红椒丝 5 克，蒜泥 3 克

调料：精盐 3 克，味精 1 克，香油10克

4. 考核用具：桑刀一把，菜墩一个，平锅一只，8 寸盘子一只，白毛巾一条

5. 考核要求：

（1）掌握好拌的概念及分类。

（2）原料刀工处理规格要一致，粗细要均匀。

（3）原料初步熟处理要适当，掌握好调味比例，成菜特点及标准，符合菜例要求。

（4）掌握好装盘要求，成型饱满，呈塔状。

（5）操作后，个人操作区域卫生打扫干净，物品摆放整齐。

（6）超时 2 分钟内，每分钟扣总分 5 分，2 分钟外视为不合格。

考核内容（二）炝腰花

1. 考试时间：40分钟

2. 考核形式：实操

3. 考核用料：

主辅料：猪腰 1 对，大蒜 1 个，生姜 1 块，彩椒各1/4个

调料：盐 5 克，白糖15克，鸡精 5 克，胡椒粉 3 克，蒸鱼豉油50克，美极鲜50克，辣鲜露25克，老抽 5 克，生抽50克，料酒10克，香油 3 克，花椒油 3 克

4. 考核用具：桑刀一把，菜墩一个，不锈钢汤盆一个，10寸圆盘一只，平锅一只，汤碗一只，白毛巾一条

5. 考核要求：

（1）掌握好炝的概念及分类。

（2）猪腰子中间的腰臊一定要处理干净。

（3）梳子花刀处理间距与深度要一致。

（4）要掌握好炝汁调制的比例，成菜特点及标准符合菜例要求。

（5）操作后，个人操作区域卫生打扫干净，物品摆放整齐。

（6）超时2分钟内，每分钟扣总分5分，2分钟外视为不合格。

项目评价

基础冷菜（一）评价表

指标 得分 任务	色泽	香气	口味	造型	质地	营养	卫生安全	合计
	20	20	20	10	10	10	10	
拌								
炝								

续表

指标/得分/任务	色泽	香气	口味	造型	质地	营养	卫生安全	合计
	20	20	20	10	10	10	10	
腌								
醉								
糟								
泡								
煮								

学习感受

项目三　基础冷菜制作（二）

项目描述

冷菜是用来制作冷盘的主题材料，通过各种不同的成熟方法，将其加工成符合制作要求的熟制品。基础冷菜制作（二）是延续前面基础冷菜制作（一）的一些常用方法，加以拓宽。在此项目中，个别冷菜的加工处理与热菜烹调方法有点类似，但冷菜的加工成熟，其意义不完全等同于热菜的加热成熟。

从传统意义上来讲，冷菜的制作从色、香、味、形、质等诸多方面与热菜相比都有所不同。当今，随着人们交流活动的频繁等因素，客观上也在促进烹饪技艺的发展，所以现在有很多热菜的制作方法都逐渐挪用到冷菜的制作上，因此，在掌握基础冷菜的制作的同时，也应该多元化灵活运用各类方法来制作冷菜。

项目目标

1. 了解卤、酱、冻、油炸、挂霜、蜜汁的概念、分类和特点。
2. 掌握各种冷菜烹调方法的操作要领。
3. 掌握各种冷菜烹调方法的菜例。
4. 熟悉各种菜例的用料、制法、特点和操作要领。
5. 掌握各冷菜烹调方法相互间的区别。
6. 培养质量意识与成本意识，养成一丝不苟、敬业专业的职业品质。

项目实施

微课小讲堂

任务一　卤

主题知识

卤就是将原料经过焯水或过油之后，放入配有多种调味料的卤汁中，以中小火煮制成熟使之入味的烹调方法。卤汁菜多用于动物性原料，食用时随用随取。这类卤菜的口味特别鲜香。也有的在卤制成熟后即行捞出，待凉透后在原料表面上涂上一层油脂，防止卤菜发硬和干缩变色。卤制品具有味鲜醇厚，香气浓郁，油润红亮的特点。

根据调味料的使用不同可将卤分为白卤和红卤。红卤的主要调味品有酱油、红曲米、白糖、盐、料酒及各种香料。白卤不用有色调味品，一般也不放或少放白糖，卤制的方法与红卤相似。

卤的操作要领：

第一，卤制原料时，选用的香料应用干净纱布包扎好，再同原料一起放入锅中煮制。

第二，卤汁用后只要保存得当，可以继续使用。再次使用时，可以适当添加汤汁、香料及调味品等。反复使用的卤汁，成为“老卤”，其制成品滋味更加醇香。其清卤的方法是：将卤汁倒入锅中烧沸撇去浮油，过滤渣滓，并根据使用次数适当加入各种调味料。

第三，白卤不能使用含有草鞣酸质多的香料，如大茴香、小茴香、桂皮等，可用草果、白芷、丁香、花椒等调味料代替。卤汁应放入不锈钢盛器中保存，不宜用铁器盛放。

第四，卤制原料时火候控制要恰当，卤汁原料一般块形较大，加热时间长，在卤制原料时先用火烧沸，再改用小火煨煮。多种原料在一起卤制，应根据原料的性质及所需加热时间的长短先后投料，以保证卤制品成熟一致。

第五，取用成熟原料时不可用手直接接触卤汁，应用专门工具，防止卤汁污染。

 烹饪工作室

典型菜例　卤水豆腐

图3-1-1/卤水豆腐

工艺流程

精选原料→初加工→熟处理→改刀成形→成型处理→装盘

主辅料：老豆腐 2 块，花生油2000克（蚝油75克），排骨250克，香叶 5 片，桂皮10克，小茴香10克，无花果 1 个，干辣椒 8 个，葱20克，姜10克

调料：盐15克，生抽40克，老抽

10克，料酒20克，糖15克，味精10克，蚝油10克，排骨酱10克

工具设备

桑刀一把，菜墩一个，10寸圆盘一只，长盘器皿一只

制作步骤

第一步，将豆腐沥去多余水分，排骨入冷水锅焯去血水洗净备用。

图3-1-2/豆腐沥干水分
图3-1-3/排骨焯水洗净

第二步，将豆腐改刀成 2 厘米厚的长方片，在表面撒上少许盐。

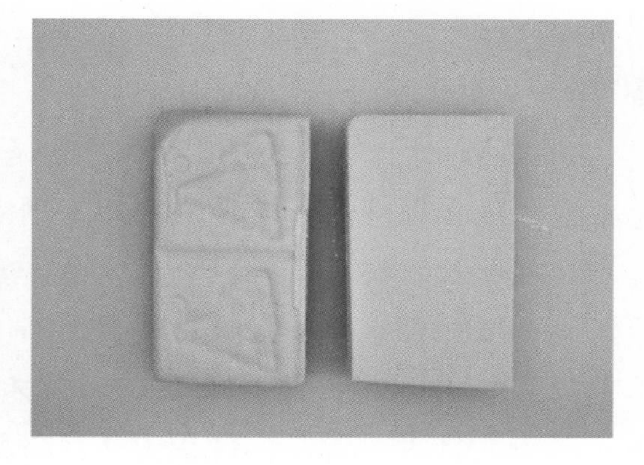

图2-8-4/豆腐改刀
图2-8-5/在豆腐上撒少许盐

第三步，将改刀好的豆腐入七成热油锅中炸至表面金黄色捞出沥干油。

图3-1-6/入油锅榨汁
图3-1-7/炸好的豆腐

第四步，净锅加水调制卤汁，将炸好的豆腐放回锅中烧沸改中小火卤制，待豆腐卤制30分钟左右即可关火让卤汁慢慢渗透至豆腐中，食用时取出改刀装盘，淋上少许卤汁即可。

图3-1-8/调制卤水
图3-1-9/入锅卤制

行家点拨

制作卤水豆腐时，豆腐初加工需要注意，防止幅度过大，使豆腐破碎，另外，在过油的时候，待豆腐上色以后再去翻面，否则豆腐易碎且影响成品外观及色泽，此菜口感鲜嫩、香味浓郁，制作时需要掌握以下两点要领：

1. 豆腐表面的水分要适当地吸干，否则炸制时油锅易溅油。
2. 卤水豆腐一定要中小火慢慢地卤制，让卤汁慢慢渗透入味。

相关链接

采用卤的制作方法，其主要特点是成品都是熟的，可以直接食用，产品口感丰富，风味独特。卤不是单一的烹制法，而是集烹制（加热）与调味二者于一身，具有取材方便、质地适口、味感丰富、香气宜人、润而不腻、携带方便、易于保管、增加食欲等丰富特点。卤制品“热做冷吃”，口味鲜香，调好的卤汁可长期使用，而且越陈越香。在潮汕卤味中，卤制的原料较为丰富，主要有鹅、鸭、猪头、猪脚、猪肉、猪杂（包括猪肠、猪肚、猪粉、猪心、猪尺、猪肝）、猪皮、蛋品、野味、豆干、香菇等。

图3-1-10/卤凤爪
图3-1-11/卤香干

精品赏析

卤在冷菜制作中使用非常广泛，甚至可以说卤是制作冷菜方法中最具代表性的一种，常常以“卤菜”来作为“冷菜”的代名词。卤，其原料的适用范围广，更多的是动物性原料，有时候则以多种动物性原料一起放入卤水中同时进行卤制，且味道更加醇厚浓郁，例如“五香卤牛肉”“卤水拼盘”等。

图3-1-12/卤水拼盘
图3-1-13/五香卤牛肉

拓展训练

一、思考与分析

红卤与白卤在调味料上有哪些区别？怎样保管卤汁？

二、菜肴拓展训练

根据提示，选用猪蹄 1 只，香叶 3 片，桂皮 5 克，小茴香 5 克，无花果半个，干辣椒 5 个，葱20克，姜10克，盐10克，生抽25克，老抽 8 克，料酒20克，冰糖15克，味精10克，蚝油10克，排骨酱10克，色拉油25克，制作一份卤猪蹄菜肴。

图3-1-14/卤猪蹄

微课小讲堂

工艺流程

选料，将猪蹄表面多余的毛刮净并冲洗干净→将猪蹄入冷水锅中焯水去除血水和异味→调制卤汁，将初步熟处理过的猪蹄入锅中卤制→将卤制好的猪蹄取出晾凉改刀装盘

制作要点

1. 选购猪蹄时，以猪的前脚为最佳，因为前脚的质量比后脚好，前脚肉多骨小，蹄筋的胶质很多，含有丰富的胶原蛋白，常食有美颜润肤之效。

2. 卤制煮猪蹄时，注入水的量以没过猪蹄表面为宜，期间还要不时翻搅，避免粘底烧焦。

3. 猪蹄卤制前须经过焯水，以达到去除血水、异味和多余油脂的目的，使成菜不会太过油腻。

微课小讲堂

任务二　酱

主题知识

酱就是将腌制后经焯水或油炸的半成品，放入各种调味料配制的酱中，烧沸转至中小火煮至原料成熟、上色的烹饪方法。

根据酱制方法不同，酱可分为普通酱和特色酱两种。普通酱一般先配酱汁，酱菜一般多浸在酱汁中以保持新鲜，避免发硬和干缩变色。特色酱在普通酱的基础上，增加用糖量，再加入红曲米等特殊材料上色。其主要菜肴有“酱萝卜条”“酱香牛肉”“酱鸭舌”“酱板鸭”“酱香乳鸽”等。

酱的操作要领：

第一，酱制原料通常以肉类、禽类等动物性原料为主，原料下锅须在锅底垫上竹箅，防止粘锅底。

第二，酱制时须烧沸卤汁后再下原料，保持微沸，原料要上下翻动两次，使上色均匀，成熟时间一致。

第三，根据烹饪原料的质地和形状、大小掌握酱制时间，将烹饪原料烧至七成熟时，撇去卤汁面上的油脂和浮沫再转至中火收稠卤汁，使原料上色和入味。

烹饪工作室

典型菜例　酱萝卜条

工艺流程

精选原料→初步加工→调制酱汁→酱制原料→装盘

图3-2-1/酱萝卜条

主辅料：白萝卜500克，花椒5克，干辣椒5个，八角5克，香叶3片，姜10克

调料：精盐15克，生抽50克，老抽10克，白醋25克，香油10克，糖20克

工具设备

桑刀一把，菜墩一个，10寸圆盘

一只，平锅一只，7 寸碗一只

制作步骤

第一步，将萝卜改刀分段，刮去外皮洗净沥干水分备用。

图3-2-2/改刀分段
图3-2-3/刮去外皮

第二步，将萝卜改刀切成5～6厘米的长条，撒上适量的盐腌出水分即可。

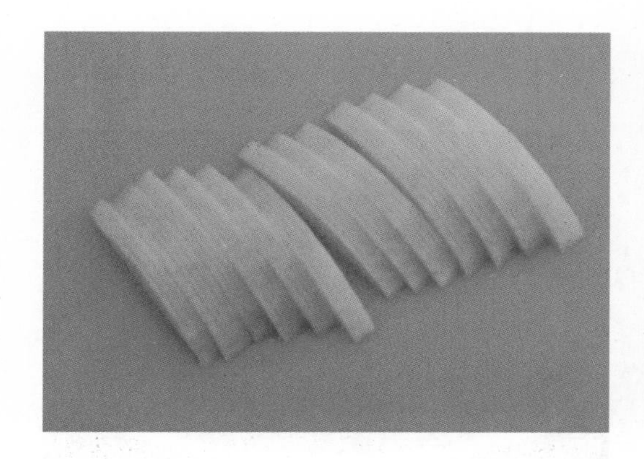

图3-2-4/改刀切条
图3-2-5/盐腌萝卜

第三步，将腌好的萝卜用冷开水冲去咸味沥尽多余水分，加调味料酱制24小时以上，最后把酱制好的萝卜条整齐装盘即可。

图3-2-6/调制酱汁
图3-2-7/酱制萝卜

行家点拨

酱萝卜的做法有两种，一种是加酱油进行酱制，另外一种就是直接用盐酱制，两者口味不一样，但口感都带有鲜脆质嫩的特点，同时在制作酱萝卜条的时候，在掌握酱制的要领之外，还需要掌握此菜肴的一些制作要领：

1. 如想增加酱萝卜条的脆性，可以不需要去萝卜皮，但切记要将萝卜刷洗干净。

2. 食盐在酱萝卜条腌制工艺中起着十分重要的作用，食盐溶液具有很高的渗透压，是酱萝卜条加工腌制中最简单而有效的一种防腐剂。

3. 酱制好的萝卜应冷藏储存，防止腐烂。

相关链接

酱制与卤制的工艺流程基本相似，故二者常并称为“酱卤”。其不同处为：在卤制时，卤的原料不需腌制而直接放入卤锅中，而酱的原料一般都先用盐、酱油等调味料腌入味后，再放入酱锅中。在卤汁上，卤一般使用“老卤”，而酱一般现做现酱，不留“老卤”。在色泽上，酱制品要深一些。酱制品呈酱红色和红褐色，而卤制品因浸泡在卤水中或立即捞出，其色泽比酱制品要浅一些。酱制冷菜具有酥烂味香，色泽酱红的特点。

图3-2-8/酱板鸭
图3-2-9/酱窝骨

精品赏析

制作酱制类的冷菜菜肴，除了颜色深红色之外，还可以利用一些调配料进行酱制或使用少许深色调味料，从而使菜肴原料成色上有一定的特色，例如制作“花椒酱乳鸽”“酱香牛肉”等，这些菜肴的颜色相对会较浅一些，但原料的内在味道则会更加体现酱香的风味。

图3-2-10/酱香牛肉
图3-2-11/花椒酱乳鸽

拓展训练

一、思考与分析

什么是酱？酱和卤的烹调方法有何区别？

二、菜肴拓展训练

根据提示，选用鸭舌500克，料酒30克，老抽10克，生抽50克，糖30克，味精5克，盐5克，葱10克，姜10克，桂皮3克，大料3克，高汤200毫升，制作一份美味酱鸭舌菜肴。

图3-2-12/美味酱鸭舌

微课小讲堂

工艺流程

准备材料初加工，去除鸭舌表面的白膜→另起干净的锅子将鸭舌初步焯水去除腥味→另起净锅加高汤调味，放入鸭舌煮制→大火烧开转小火煮制，待汤汁稠浓时转大火收汁→倒出晾凉装盘即可

制作要点

1. 制作酱鸭舌时，要剔除鸭舌表面的白膜，放入开水锅中焯一下水即可去除。

2. 鸭舌易于成熟，所以加水量不宜过多，且煮制时间也不能太长。

3. 调味料必须一次加足，最后能一次上色，否则不能突出酱制菜肴的特点。

任务三　冻

微课小讲堂

主题知识

冻，也称水晶。指用猪肉皮、琼脂等的胶质蛋白经过蒸或煮制，使其充分溶解，再经冷凝冻结形成冷菜菜品的方法。水晶菜肴具有清澈晶亮、软韧鲜醇的特点。餐饮行业制作冻菜习惯上有两种类型，一种是皮胶冻法；另一种是琼脂类冻法。

冻的操作要领：

第一，要充分蒸透皮胶或琼脂类原料，以便于冷藏后结冻。

第二，需刀工处理的，要求粗细、大小均匀。

典型菜例　木瓜牛奶冻

工艺流程

选料→去籽→调奶→蒸制→装盘

操作用料

牛奶 1 瓶，木瓜 1 个，明胶片 4 片

工具设备

片刀一把，菜墩一个，小勺一只

制作步骤

第一步，将木瓜对开后，用小勺取出里面的籽，备用。

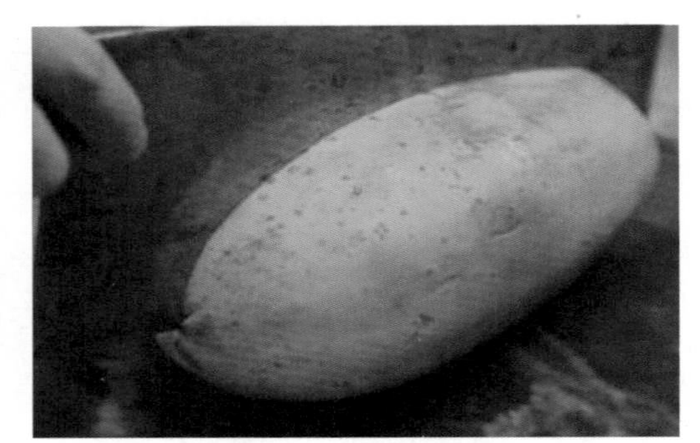

图3-3-1/原料
图3-3-2/去籽

图3-3-3/去籽
图3-3-4/调奶

第二步， 将鲜牛奶与明胶片放入不锈钢器皿中，上蒸箱蒸至充分化匀。

图3-3-5/调奶
图3-3-6/蒸制

第三步，将溶入明胶片的牛奶倒入木瓜中，放冰箱冷藏，待牛奶凝固，即可取出装盘。

图3-3-7/蒸制
图3-3-8/装盘

行家点拨

此菜肴色彩美观，口味清香。操作过程中应注意：

1. 明胶片要充分化开，否则会影响口感。
2. 选择木瓜成熟度适中，太熟易烂不成型，太生则影响口感。
3. 装盘大小均匀，体现刀工与色彩搭配。

相关链接

我们一般听到木瓜都是和牛奶一起吃，那大家知道木瓜为什么要和牛奶一起吃吗？牛奶、木瓜都有哪些好处呢？

木瓜牛奶的功效

木瓜牛奶是以木瓜和牛奶为主要食材的美容菜谱，口味香甜，具有抗衰美容、隆胸养颜、平肝和胃、舒筋活络的功效。

木瓜有丰富的营养价值，对于胃肠道功能不良的人来说，木瓜还有帮助消化的作用。木瓜中的乳状液汁，含有一种被称为“木瓜酵素”的蛋白分解酶，它跟胃蛋白酶和胰蛋白酶一样，能够分解蛋白质，因此能帮助我们消化肉类蛋白质。

图3-3-9/木瓜牛奶

精品赏析

水晶肴蹄，又名水晶肴肉，是江苏镇江的一款名菜，迄今已有300多年的历史。水晶肴蹄成菜后肉红皮白，光滑晶莹，卤冻透明，犹如水晶，故有“水晶”之美称。食用时，具有瘦肉香酥、肥肉不腻、酥香嫩鲜等特点，佐以姜丝和镇江香醋，更是别有一番风味。有诗赞曰：“风光无限数今朝，更爱京口肉食烧，不腻微酥香味溢，嫣红嫩冻水晶肴。”

图3-3-10/水晶肴肉
图3-3-11/水晶肴肉

拓展训练

一、思考与分析

什么是冻？在制作时要注意什么？

二、菜肴拓展训练

根据提示，用 2 斤左右的鳜鱼一条，葱姜少许，青红椒各半只，明胶片 5 片，制成五彩鱼冻。

工艺流程

1. 鳜鱼洗净，下料酒，葱姜蒸熟取肉块。

微课小讲堂

图3-3-12/五彩鱼冻

2. 将锅洗净烧热，下油，下葱结、姜片，下入鱼肉翻炒淋料酒，下高汤水、明胶片，煮20分钟。

3. 取出姜片、葱结，下入青红椒丝，沸 1 分钟。

4. 下花椒粉、胡椒粉各少许，盛入提前准备好的器皿中，放入冷藏箱 5 小时后即可。

5. 取片装盘即可。

制作要点

1. 取出鱼肉尽量不带鱼刺。
2. 姜片、葱结在出锅前要取出，只起到去腥增香的作用。
3. 出锅后应放入冷藏箱，不能放入冷冻箱，否则会影响口感。

微课小讲堂

任务四　油炸

主题知识

将食物放入食用油中加热（油的液面高于食物高度）的过程就叫作油炸。

油炸是食品熟制和干制的一种加工方法，即将食品置于较高温度的油脂中，使其加热快速熟化的过程。油炸可以杀灭食品中的微生物，延长食品的货架期，同时可以改善食品风味，提高食品营养价值，赋予食品特有的金黄色泽。经过油炸加工的坚果炒货制品具有香嫩和色泽美观的特点。

炸的操作要领：

第一，油炸一般要求油温较高，油量较大，以达菜品效果。

第二，要注意油炸菜的色泽要求，一般要求色泽金黄，口感酥脆。

烹饪工作室

典型菜例　干炸带鱼

工艺流程

选料→切配与腌制→炸制→装盘

操作用料

带鱼 2 条，葱姜少许，料酒少许

工具设备

菜刀一把，菜墩一个，长碟一只

制作步骤

第一步，将清理干净的带鱼切段，加葱、姜、盐、料酒腌制片刻使其入味备用。

图3–4–1 / 选料
图3–4–2 / 切配与腌渍

第二步，油锅加入油，待油温升到5～6成热时下锅炸至结壳，升至6～7成时下锅复炸至金黄色，捞出备用。

图3-4-3/炸制
图3-4-4/炸制

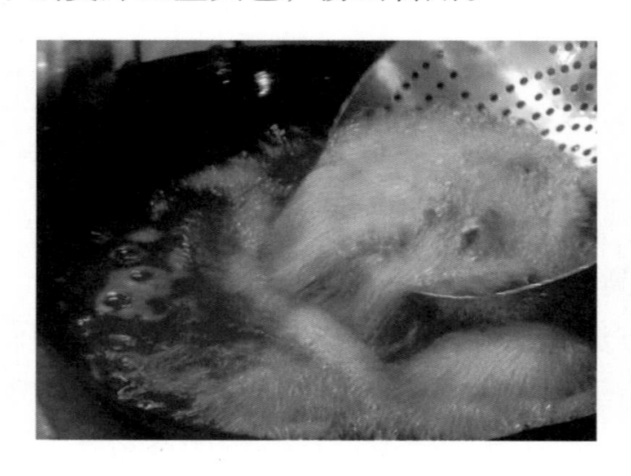

第三步，将炸好的带鱼捞出锅装盘，配上佐料即可。

图3-4-5/装盘
图3-4-6/装盘

行家点拨

此菜肴外脆里嫩，肉质细腻，回味无穷。操作过程中应注意：

1. 腌制须入味，口味适中，符合大众口味。
2. 高油温、大油量。油温的控制是关键，要学会识别油温高低。

相关链接

油炸食品是我国传统的食品之一，无论是逢年过节的炸麻花、炸春卷、炸丸子，还是每天早餐所食用的油条、油饼、面窝；儿童喜欢食用的洋快餐中的炸薯条、炸面包、炸鸡翅以及零食里的炸薯片、油炸饼干等，无一不是油炸食品。油炸食品因其酥脆可口、香气扑鼻，能增进食欲，所以深受许多成人和儿童的喜爱，但经常食用油炸食品对身体健康却极为不利。

图3-4-7/炸薯泥
图3-4-8/炸鸡翅

精品赏析

土豆棒，是把土豆进行加工和调味，然后用油炸制而成的一种特色小吃。土豆棒的口味繁多，有蔬菜味、水果味、香辣味等。

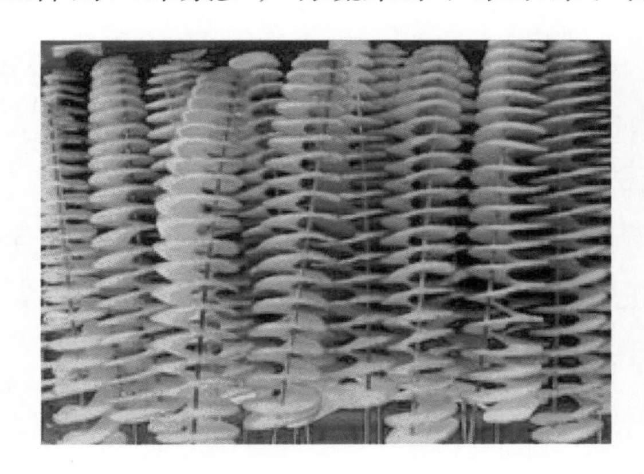

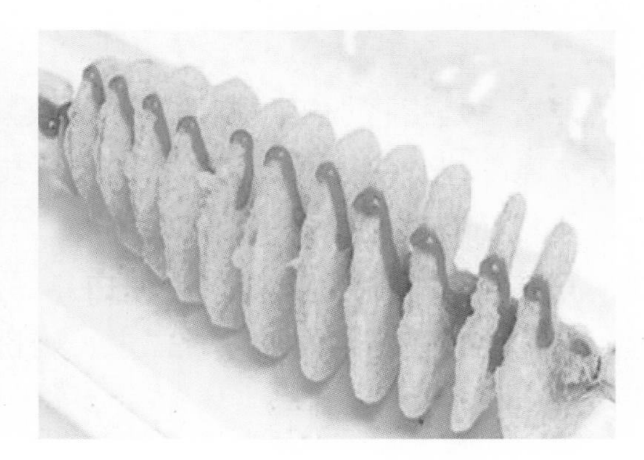

图3-4-9/土豆棒
图3-4-10/土豆棒

拓展训练

一、思考与分析

油炸与滑油的区别是什么？

二、菜肴拓展训练

根据提示，用1斤小鱼、一个鸡蛋制成油炸小鱼。

工艺流程

1. 将小鱼开膛破肚洗净，用适量盐、姜片、料酒腌半小时。

2. 将腌好的鱼用适量的蛋清和嫩肉粉拌匀放置5分钟。

3. 油锅烧热，放入已腌好的小鱼，炸至金黄翻面。

4. 一次放入油锅的鱼不宜过多，

图3-4-11/油炸小鱼

微课小讲堂

最好一条一条的放入，以免粘在一起。

5. 把每次炸好的小鱼捞起入盘即可食用。

制作要点

1. 小鱼开膛破肚洗净，必须用盐、姜片、料酒腌半小时。
2. 放入油锅的鱼不宜过多，最好一条一条地放入，以免粘在一起。
3. 炸制小鱼时要多翻转，上色均匀。

微课小讲堂

任务五　挂霜

挂霜，是指将加工预制的半成品或熟料放入熬好糖浆的热锅内，挂匀糖浆，取出快速冷却，使表面泛起白霜的成菜技法。

挂霜在有些地区被称为“翻砂”“粘糖”等，有的因挂霜菜的技术不易掌握，只在主料上撒上糖粉，也似白霜，它的外观与口感比用熬糖制成的相差甚远。有些地区在糖浆内加入杏仁末、奶粉等，丰富了这种技法的品种和风味。

挂霜的操作要领：

第一，挂霜一般选用小型的动、植物性原料，以植物性原料居多。

第二，挂霜的糖与水的比例一般为3：1，原料与糖液的比例为1.5：1。

第三，在加热中应注意火力的控制，开始火力不能太大，否则，溶解的速度小于蒸发的速度，使糖还没溶解就被提前析出，结晶的颗粒变得很大，将造成挂霜失败。当糖液的温度达到110℃左右时，是结晶的最佳温度，冷却到80℃左右，糖霜开始出现。

典型菜例　挂霜腰果

工艺流程

选料→腰果炸熟→炒糖→装盘

操作用料

腰果 1 斤，白糖半包

工具设备

碟一只，长盘一只

制作步骤

第一步，将清洗干净的腰果用 4 成左右油温养熟，养至淡黄色成熟即可出锅。

图3-5-1/选料
图3-5-2/炸制

第二步，空锅内加水、加白糖，用中小火炒糖至糖水冒小泡时下入腰果，迅速离火使其冷却后均匀地包裹于主料。

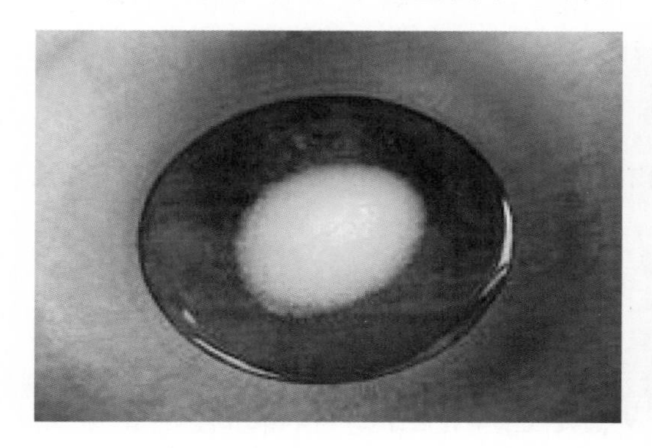

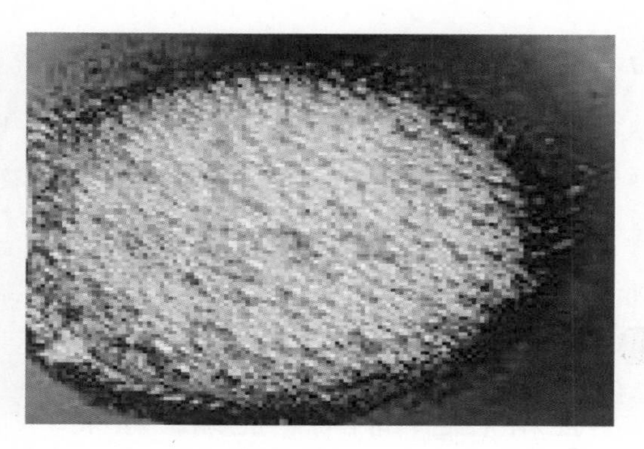

图3-5-3/炒糖
图3-5-4/炒糖

第三步，不停翻动，使腰果充分裹糖挂匀后即可出锅装盘。

图3-5-5/裹糖
图3-5-6/装盘

行家点拨

此菜肴色泽洁白似霜，松脆、干香。操作过程中应注意：

1. 腰果在油温 4 成左右下锅，不易太高，否则主料色泽过深影响成品。

2. 炒糖从冒大泡变成小泡，马勺手感较滑时即可下主料。

3. 下锅后立刻离火，使其快速冷却裹糖。

相关链接

挂霜菜小技巧

1. 初步热

原料初加工时多要油炸，在油炸带皮的干果类原料（比如花生）和淀粉含量高的原料（比如地瓜）时都需要拍粉，而本身无“外衣”的干果类原料（比如腰果）直接浸炸即可。

2. 140℃～160℃油炸

不管原料是否要拍粉，油炸温度都控制在140℃～160℃。油温若是很高，原料很容易上色，影响最终的成菜效果。

3. 水熬糖

跟拔丝菜不同，制作挂霜菜必须采用水熬糖的方法，一来水熬糖操作起来比较简单，容易掌握；二来做好的成品颜色比较洁白。一般水量为100～150克时，白砂糖的用量大概是250～300克。

4. 鱼眼泡时下主料

水和糖熬化后改小火加热，当糖液出现大鱼眼泡变小鱼眼泡时即可下入主料，这是制作挂霜菜的关键。

精品赏析

挂霜菜是人们耳熟能详的甜菜，其特点是色泽洁白、香甜酥脆，是宴席中常见的菜肴。挂霜的原料非常广泛，除坚果类外，豆腐、水果等都可以制成挂霜菜。

图3-5-7/挂霜山楂
图3-5-8/挂霜豆腐

拓展训练

一、思考与分析

什么是挂霜？它的要领是什么？

二、菜肴拓展训练

根据提示，用花生米、白糖制作“挂霜花生”。

工艺流程

花生洗净→进入烤箱烤熟→炒糖→裹糖出锅

图3-5-9/挂霜花生

微课小讲堂

制作要点

1. 进入烤箱烤制的时间温度不宜过高，以烤熟烤脆不焦为宜。

2. 熬糖浆时火力也要掌握好，待糖浆开始变得浓稠后一定要用小火。

3. 刚出锅的花生吃起来不是很酥脆，不要心急，待完全冷却后就会变得酥脆。

任务六　蜜汁

微课小讲堂

将加工的原料或预制的半成品和熟料，放入调制好的甜汁锅中或容器中采用烧、蒸、炒、焖等不同方法加热成菜的技法叫作蜜汁。

蜜汁的调制先用糖和水熬成入口肥糯的稠甜汁，再和主料一同加热，由于原料的性质和成品的要求不同，加热的方式也各有不用。一般有烧焖法、汽蒸法、火炖法等，用烧焖法的菜品有蜜汁排骨等；用火炖法的菜品有蜜汁火方等。但最终成菜都有糖汁稠浓、甜味渗入主料、主料酥烂等特点。

蜜汁的操作要领：

第一，蜜汁一般选用植物性原料为主，菜肴口感绵软，饱满甘甜。

第二，不同质地的主料，灵活运用初步熟处理和烹制方法。如主料鲜嫩、含水量多，则蜜汁的水量要减少，烹制时间也要短些；含淀粉量多的主料，烹调前要用冷水浸泡去一部分淀粉，再进行蜜汁制作。

典型菜例　蜜汁排骨

工艺流程

选料→焯水炒糖→入锅焖制→装盘

操作用料

仔排 1 斤，白糖半包，葱姜少许

工具设备

刀一把，菜墩一个，长盘一只

制作步骤

第一步，将清洗干净的仔排切成骨牌块，然后在冷水锅中下入料酒焯熟备用。

图3-6-1 / 原料
图3-6-2 / 焯水

第二步，将锅上火，放少许油烧热，放糖炒化，当糖溶液呈浅黄色时，放入经加工的排骨，放入葱姜，淋入老抽，加入适量清水。

图3-6-3 / 炒糖
图3-6-4 / 炒糖

第三步，大火烧开，中小火烧焖至酥烂而不碎，旺火收汁即可捞出装盘。

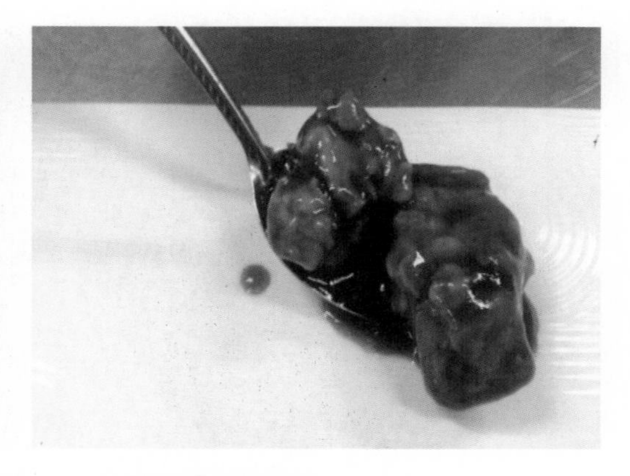

图3-6-5/收汁
图3-6-6/装盘

图3-6-7/装盘

行家点拨

此菜肴糖汁肥浓香甜，光亮透明，主料绵软酥烂。操作过程中应注意：

1. 下锅焯水用冷水下锅，以最大程度去除异味。
2. 焖制时多采用中小火，出锅时大火收汁。

相关链接

蜜汁火方是江浙地区汉族传统名菜。主要由金华火腿做成，其色泽火红，卤汁透明。

主料：金华火腿（500克） 辅料：莲子（50克），松子仁（25克）

1. 将火腿修成大方块，皮朝下放碗中，加入清水（水没南腿），上笼蒸约2小时30 分钟取出，滗去汤汁。
2. 然后再加冰糖、淡清汤90毫升，上笼蒸约1 小时取出。
3. 放入白糖莲子再上笼蒸30 分钟，取出滗去卤汁，合入同一盘中。
4. 将锅置旺火上，舀入熟猪油，烧至五成热，放入松子仁炸至呈金黄色时，取出待用。
5. 将锅置旺火上，倒入卤汁，加蜂蜜烧沸，用水淀粉勾芡，放入糖桂花搅和，浇在火方上面，再撒上松子仁即成。

图3-6-8/蜜汁火方
图3-6-9/蜜汁火方

精品赏析

蜜汁藕富含淀粉、蛋白质、维生素C和维生素B_1，还含有丰富的无机盐，滋味甜脆，是受人喜爱的一道美食。夏天，它又具有清心凉血的作用，可谓对“症”恩物。

图3-6-10/蜜汁糯米藕

拓展训练

一、思考与分析

蜜汁菜的要领是什么?

二、菜肴拓展训练

根据提示，用芸豆、白糖制作蜜汁芸豆。

工艺流程

1. 芸豆用清水洗净备用。
2. 将芸豆放入锅中，加入开水、白糖，大火烧开，小火慢煮到汤水起稠。
3. 起锅备用。

微课小讲堂

制作要点

1. 大火烧开。
2. 小火慢煮到汤水起稠为止。

图3-6-11/蜜汁芸豆

项目小结

本项目主要介绍卤、酱、冻、油炸、挂霜、蜜汁六种热制冷吃冷菜制作的方法。通过主题知识学习让大家了解烹调方法概况；通过烹饪工作室典型菜例示范让大家体验烹饪过程；通过专家指点和相关链接让大家掌握其精髓；通过精品赏析希望开拓大家视野及培养精益求精的工匠精神；通过拓展训练，培养实践创新、举一反三的能力。希望同学们活学活用，掌握好本项目内容。

项目测试

考核内容：挂霜苹果

1. 考试时间：30分钟
2. 考核形式：实操
3. 考核用料：花生200克，白糖100克，面粉100克，淀粉100克，泡打粉20克
4. 考核用具：6寸圆盘一只，白毛巾一条
5. 考核要求：

（1）调糊浓稠度合适。

（2）挂霜均匀，作品成型饱满美观，大小合适。

（3）操作后，个人操作区域卫生打扫干净，物品摆放整齐。

（4）超时2分钟内，每分钟扣总分5分，2分钟外视为不合格。

项目评价

基础冷菜（二）评价表

指标 得分 任务	色泽	香气	口味	造型	质地	营养	卫生安全	合计
	20	20	20	10	10	10	10	
卤								
酱								
冻								
油炸								
挂霜								
蜜汁								

学习感受

项目四　冷菜拼摆手法

项目描述

冷菜的拼摆手法是冷菜制作完成后，根据原料的形状特征或构思图案，运用堆、排、叠、围、摆、覆的拼摆手法，对制作好的冷菜进行装盘造型。拼摆手法是冷菜造型的基础，学习的好坏将直接影响冷菜成品的装盘质量，也是学好冷菜制作的基本功之一。本项目选用拼摆手法的典型作品，学生通过学习，能为进一步学习冷菜制作装盘造型打好基础，掌握常见的拼摆手法和相关知识，更好地适应冷菜岗位工作。同时也为冷拼组合和花色冷拼制作奠定基础。

项目目标

1. 了解单碟堆、排、叠、围、摆、覆六种手法的概念与要领。
2. 领会堆、排、叠、围、摆、覆六种手法的造型与规格。
3. 学习六种基本手法的操作过程。
4. 掌握六种基本手法的制作要领和菜品特点。
5. 学会独立完成冷菜制作的一般岗位工作任务。
6. 培养规范操作能力和团队协作能力。

项目实施

任务一　“堆”法

主题知识

堆是冷菜装盘常用的基本手法，在冷菜的制作中运用广泛。堆就是将一些料形不规则或加工成型的冷菜原料堆放在盘中。此法多用于原料形状不规则的普通单盘造型，如杭味熏鱼、挂霜腰果、琥珀桃仁等；也可以用于艺术性较高的冷拼造型中，如“荷塘月色”“曲径通幽”的冷盘造型中形态逼真、惟妙惟肖的假山或宝塔，就是用琥珀桃仁等自然堆砌而成的，给人以内容充实、饱满丰厚的视觉感受。

堆的操作要领：

第一，冷菜原料需进行刀工处理成丝、片、丁等形状的，原料要求粗细、大小均匀。

第二，用“堆”装盘手法时，对冷菜原料较次的堆放在盘子中间，质好的原料堆放在外面，自上而下堆放，成品美观大方，造型呈宝塔形或馒头形。

烹饪工作室

微课小讲堂

典型菜例　黄瓜丝堆

工艺流程

黄瓜洗净改刀成段→滚料批成薄片→卷成圆筒状→直刀切成丝→放入清水中浸泡→用堆的手法装盘→成品呈宝塔形

操作用料

大黄瓜一根（约300克）

工具设备

片刀一把，菜墩一个，不锈钢汤盆一个，6寸小碟一只

制作步骤

第一步，黄瓜洗净，切成6厘米段，用平刀法批去黄瓜表皮的颗粒，使黄瓜段表面相对光滑，并留部分绿皮。

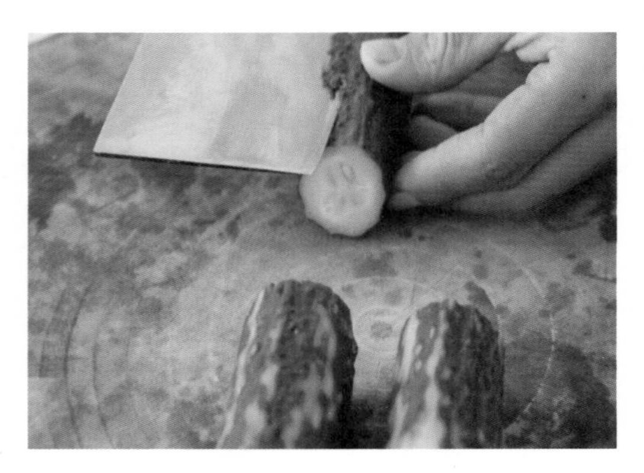
图4-1-1/取段
图4-1-2/去皮

第二步，用滚料批将黄瓜批成1毫米的薄片，每段批至肉瓤处断料，批好的黄瓜薄片卷成圆筒状待用。

图4-1-3/批片
图4-1-4/桶状

第三步，将卷成筒状的黄瓜薄片，用直刀法切成 1 毫米粗细的细丝，放入清水中进行浸泡，使黄瓜丝自然卷曲。

图4-1-5/切丝
图4-1-6/浸泡

第四步，浸泡好的黄瓜丝取出，沥干水分，将黄瓜丝分数次自上而下堆放于圆碟中，丝的高度达 8 厘米左右，呈宝塔形。

图4-1-7/装盘
图4-1-8/成形

行家点拨

此菜肴黄瓜丝粗细均匀，自然卷曲，成型饱满美观。操作过程中应注意：

1. 黄瓜去皮时，以表面平整为宜，留部分绿皮，利于成型色彩美观。

2. 滚料批时，把批成的黄瓜片厚薄控制在 1 毫米，切丝时，粗细也控制在1毫米，这样才能保证成型美观。

3. 切好的黄瓜丝需进行3～5分钟的浸泡，让黄瓜丝充分吸水，自然卷曲成型。

4. 黄瓜丝在堆放时，应下面大、上面小，呈宝塔状和蓬松状。

相关链接

中餐冷菜和西餐冷菜，都具有开胃、佐酒的功能，因此，对冷菜的风味和口味要求都比较高。风味要正，口味要准确，要在咀嚼品尝中感觉味美可口。保持冷菜口味的一致性，可采用预先调制统一规格比例的冷菜调味汁、冷沙司的做法，待成品改刀、装盘后浇上或配带即可。冷菜调味汁、沙司的调制应按统一规格比例进行，这样才能保证风味的纯正和一致。冷菜由于在一组菜点中最先出品，总给客人以先入为主的感觉，因此，对其装盘的造型和色彩的搭配等要求很高。例如西餐冷菜最常见的就是"色拉"，无论是蔬菜色拉还是水果色拉，一般都采用"堆"的方法。

图4-1-9/水果色拉
图4-1-10/蔬菜色拉

精品赏析

堆的冷菜手法，是中职烹饪专业学生必须掌握的冷菜手法之一。不但能考查学生的刀工水平，还能考查学生的装盘能力。下面呈现的两份作品，是2015年浙江省内技能大赛上获奖的优秀作品，丝的粗细均匀，装盘呈宝塔形，美观大方。

图4-1-11/香干丝堆
图4-1-12/胡萝卜丝堆

拓展训练

一、思考与分析

什么是堆？堆在拼摆时有什么要求？

二、菜肴拓展训练

根据提示，用卤好的猪耳100克、香菜50克、精盐 1 克、味精 1 克、麻油 5 克制作一份香芹拌脆耳。

微课小讲堂

工艺流程

香菜去叶，茎切成段→卤制好的脆耳，改刀成丝→两种原料倒入盆中→淋上少许麻油，拌匀→冷菜自上而下堆放盘中→装盘呈宝塔形

制作要点

1. 香菜去叶和小茎秆，取主茎秆，改刀成5厘米的段。
2. 卤好的脆耳改刀成粗细均匀的火柴根丝。
3. 菜肴拌制时，只需加适量麻油即可，其他调味料不需要加，卤好的脆耳中已经有味道。
4. 冷菜堆放装盘时，要自上而下堆放盘中，成品要饱满自然。

图4–1–13/香芹拌脆耳

任务二　“排”法

主题知识

排是将加工处理好的冷菜排成行装入盘内的手法，常用较厚的块状或椭圆形原料，如水晶肴肉、香糯蜜藕等。应视原料、盛器的形状不同又有各种不同的排

法，有的适宜排成锯齿形，有的适宜排成椭圆形，有的适宜排成整齐的方形，也有的适宜逐层排列，还有的适宜配色间隔排或排成其他式样，总之以排的手法拼摆的冷盘造型需要有整齐美观的外形。

排的操作要领：

第一，排适用规则较厚的块状冷菜原料，需刀工处理的原料，要求大小一致。

第二，用排的手法装盘时，讲究冷菜原料并列成行排列，间距相等。

烹饪工作室

微课小讲堂

典型菜例　莴笋长条排交叉形

工艺流程

莴笋去皮→清水中洗净→改刀成 1 厘米厚块→再改刀成 1 厘米的长条→切成 4 厘米长的条→排第一层莴笋条→第二层条和第一层交叉排→第三层条横放在第二层条中间

操作用料

带皮莴笋2根

工具设备

片刀一把，菜墩一个，6 寸小碟一只

制作步骤

第一步，把莴笋皮去干净，放入清水洗净。修成长方块，改刀成 1 厘米厚的长方块。

图4-2-1/去皮
图4-2-2/切块

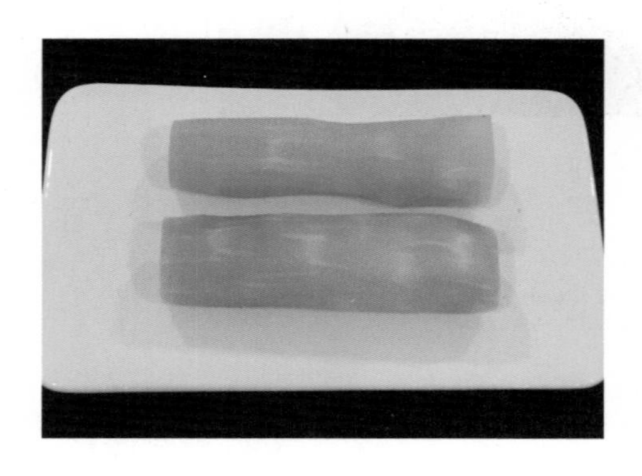

第二步，长方块略作修整后，改刀成 1 厘米厚的长方条，再将长方条切成4厘米长的段，共切20根。

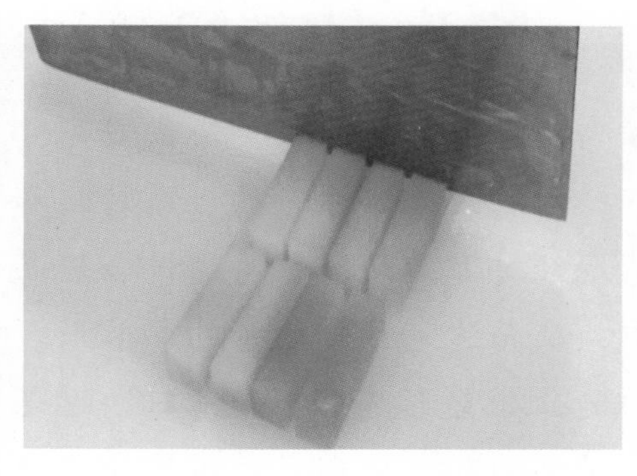

图4-2-3/切条
图4-2-4/切段

第三步，双手同时排放莴笋条，第一层共 8 根 2 排，每一排的条相互平行，间距相等；排与排之间分开间距相等，角度一致；第二层排放与第一层排放正好反方向，第二层排的边线与第一层边线平行且垂直，条之间的间距、角度都要相等。

图4-2-5/第一层排
图4-2-6/第二层排

第四步，最上面一层排放 4 根，每根分别排放在第二层的两根中间，成一直线，整齐美观。

图4-2-7/第三层排
图4-2-8/成品

行家点拨

此菜肴莴笋条粗细均匀，排列整齐，美观大方。操作过程中应注意：

1. 冷菜原料的成型规格如大小、长短、粗细要一致。
2. 原料在排放时要注意角度一致，根根平行、间距相等。
3. 排的冷菜拼摆手法，要求造型整齐美观。

相关链接

在冷盘的制作过程中，我们首先要根据冷盘的题材和构图形式选择适当的冷盘材料，并利用冷盘材料的性质特征和自然形状，将材料修整成我们所需要的形状，然后经过刀工处理，再通过合理而又巧妙的拼摆手法，来完成冷盘造型的拼摆制作，从而达到预期的目的和效果。显而易见，在冷盘的制作过程中，对冷盘材料的选择和整形是拼摆的基础，也是关键，在冷盘制作中非常重要。例如，具有特色风味的糟味鸡肉卷、银枪酥皮鱼卷，根据冷菜食材自身的椭圆状，一般采用“排”的拼摆手法装盘。

图4-2-9/糟味鸡肉卷
图4-2-10/银枪酥皮鱼卷

精品赏析

香糯蜜藕、风味卤鸭这两道都是江南地区典型的下酒冷菜，深受食客的喜爱。将制作好的蜜藕、肴肉分别加工成块状，用“排”的冷菜拼摆手法装盘，一般排成“齿轮状”或“阶梯状”，是练习排手法相对常见的造型，成品一般要求块的大小、间距相等，整齐美观。

图4-2-11/香糯蜜藕
图4-2-12/风味卤鸭

拓展训练

一、思考与分析

什么是排？排在拼摆时有什么要求？

二、菜肴拓展训练

根据提示，选用黄瓜 1 根，切成长条，批去瓜瓤，改刀成长方块，制作黄瓜块排。

图4-2-13/黄瓜块排

微课小讲堂

工艺流程

黄瓜洗净→黄瓜一剖为二→再分别改刀一剖为二→平刀去瓜瓤→平刀表面修平→改刀成长方块→第一层 2 排各 5 块，相互对称→第二层 2 排各 4 块，对应两块中间→第三层 1 排 4 块，两排中间

制作要点

1. 黄瓜应选择新鲜脆嫩，形状均匀，直径约 3 厘米为宜。

2. 黄瓜改刀成长条时，大小要一致，去瓜瓤要干净，表面需修平整。

3. 黄瓜块的规格一般为长 4 厘米，宽1.5厘米，厚0.8厘米。如黄瓜太大或太小也可适当调整宽度和厚度。

4. 排的时候要掌握角度、间距均要一致，每一排要整齐划一。

任务三　“覆（扣）”法

主题知识

覆又称扣，就是将加工成形的冷菜原料，先整齐排列在较深的盛器中或刀上再复扣在盘中的一种手法。成型常见的以半圆形为主，如“冻鸡”“冻虾仁”。采用扣拼摆冷盘时，一定要把相对整齐、优质的冷菜原料排放在碗底，这样扣入盘内的冷菜才能突出主料，造型整齐美观又大方。

扣的操作要领：

第一，经过刀工处理的冷菜原料，要求粗细、长短一致，在扣碗中排列时间距要相等。如大块原料需将质优的原料排放碗底，突出主料。

第二，扣的手法在填充原料时，原料形状不宜过大，填充要扎实，这样原料在翻扣盘内才会饱满美观。

微课小讲堂

典型菜例　胡萝卜片扣

工艺流程

熟制胡萝卜→改刀取主面料→余料切丝→切片排片→填料→翻扣碟中

操作用料

熟胡萝卜一个（200克）

工具设备

片刀一把，菜墩一个，6寸小碟一只，小扣碗一只

制作步骤

第一步，选用熟制的胡萝卜，取出两块长7厘米，高1厘米的胡萝卜长方块，用斜刀法分别在长方块上斜切一刀，切面呈长方形。

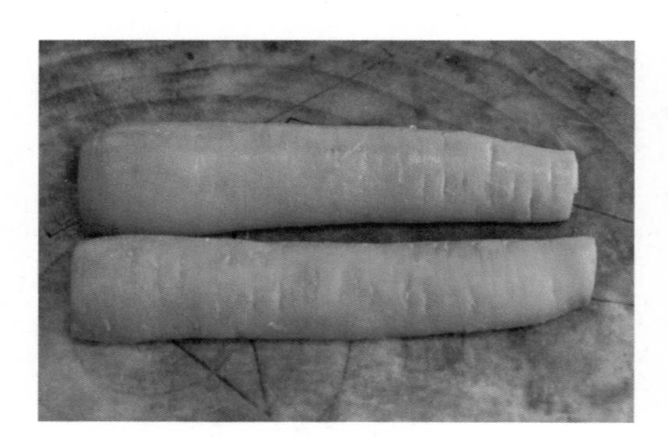

图4-3-1/熟胡萝卜
图4-3-2/修刀面

第二步，将胡萝卜块直刀切成1.2毫米的薄片，片按顺序排整齐，多余的胡萝卜切成细丝。

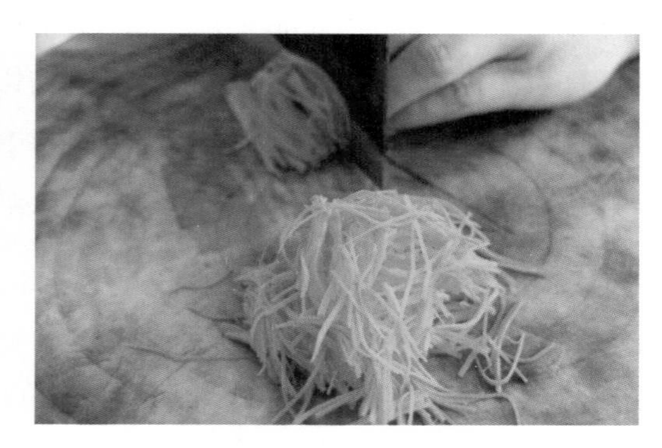

图4-3-3/切片
图4-3-4/余料切丝

第三步，胡萝卜片排放时，切面朝下，靠近碗底排得密些，碗口略宽，顺时针排一圈，最后接口排放衔接要自然。用剪刀将碗口修剪整齐。

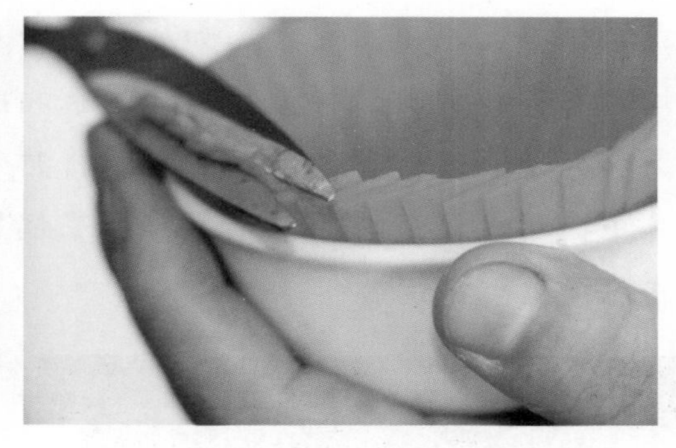

图4-3-5/排片
图4-3-6/修整边口

第四步，把切好的胡萝卜丝填充在扣碗内，反扣在小碟中，取出扣碗。

图4-3-7/填料
图4-3-8/翻扣

第五步，取一片胡萝卜片，切成小菱形片，拼摆在胡萝卜扣顶部结顶，成品饱满自然美观，片片匀称。

图4-3-9/结顶
图4-3-10/成品

行家点拨

此菜看胡萝卜片扣的厚薄均匀，片排列时间距相等。操作过程中应注意：

1. 拼摆时，将相对整齐、质优的冷菜原料排放在碗底。
2. 片在排放时，靠碗底略紧，靠碗口略宽，相应间距一致。
3. 冷菜余料一定要填实，这样成型饱满、整齐美观。

相关链接

扣的装盘手法不单适用冷盘，在热菜造型上运用扣的手法也很普遍。无论冷菜、热菜上使用扣的手法，都要求将质优、形佳的食材，整齐地排放在扣碗底部，再根据需求填上食材。如底部原料刀工成片、丝等形状，要求间距相等、粗细均匀整齐排放，这样最后翻扣过来的成品菜肴突出主料，美观大方。例如，梅干菜扣肉是一道典型的扣菜，它是将熟处理后的五花肉，经刀工加工，放入扣菜模具中，填入调好味的梅干菜，入蒸锅蒸片刻后取出，翻扣在盘中，原汤勾芡浇淋在扣肉上即可。

图4-3-11/梅干菜扣肉
图4-3-12/扣肉

精品赏析

东坡菠萝肉、扣三丝，这两道菜肴，大厨们巧妙地运用了冷菜“扣”的拼摆手法，将原本普通的食材，经过精湛的刀工处理，放入特制的扣菜模具中，制成菜肴。成品要求：片片均匀、间距相等、形态饱满。

图4-3-13/东坡菠萝肉
图4-3-14/扣三丝

拓展训练

一、思考与分析

什么是扣？扣在拼摆时有什么要求？

二、菜肴拓展训练

根据提示，制作馒头形黄瓜扣。

微课小讲堂

工艺流程

黄瓜洗净→黄瓜切片→排片间距相等→放入扣碗→黄瓜切片排成两个扇面→分别放第一层黄瓜片的两侧→余料改刀成片→扣碗填满→翻扣在小碟中

制作要点

1. 选择新鲜脆嫩的黄瓜，形态笔直，直径在3厘米左右。

2. 黄瓜片的厚薄、长短要求一致，片在排列时要求间距相等。

3. 填充原料时，通常填到碗口平，保证原料翻扣过来时不影响饱满度。

4. 防止作品翻扣过来时粘在扣碗上，可在操作前在碗中垫上一层保鲜膜，方便翻扣。

图4-3-15/黄瓜片扣

任务四 “围”法

主题知识

围就是将冷菜原料切成一定的形状，在盘中排列成环形，可排多层，层层围绕。围起到烘托主料、添彩增色的作用。具体方法有围边和排围两种。在主要冷盘原料的四周围上一些不同颜色的原料，这叫“围边”。可以使冷盘造型产生变化和对比的效果，如“熏鱼豇豆节”的四周围一圈“豇豆节”即是；有的将主料排围成花朵形，中间用色彩鲜艳的配料做花心点缀，这叫“排围”。这种手法拼摆冷盘时，选用的原料要注意色彩的搭配。

围的操作要领：

第一，需刀工处理冷菜原料，要掌握大小、长短均匀，围时注意角度一致。

第二，围多层的菜品，每一层间缩进的距离要相等，成品一般呈宝塔形。

烹饪工作室

典型菜例 黄瓜围

工艺流程

黄瓜洗净→改刀成梳子块→盐水中略腌→梳子黄瓜块成环形→围在底料上→第二层围在第一层上方→第三层围在第二层上方→第四层围在第三层上方→结顶

微课小讲堂

操作用料

黄瓜一根，精盐10克

工具设备

片刀一把，菜墩一个，6 寸小碟一只，汤碗一只

制作步骤

第一步，黄瓜洗净去蒂头，一剖为二，用直刀切将黄瓜刀工处理成梳子花刀形。

图4-4-1/一剖为二
图4-4-2/切梳子刀

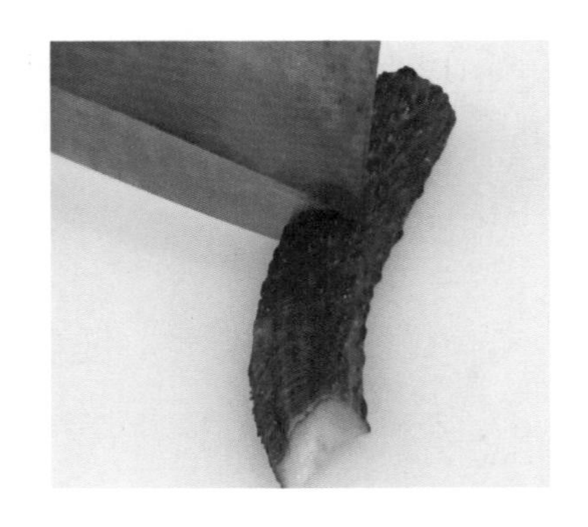

第二步，入盐水中略腌，取出后用干净的毛巾吸干水分。将黄瓜边角料切成片，作为垫底放于盘子中间。

图4-4-3/腌制
图4-4-4/垫底

第三步，用片刀轻拍梳子黄瓜块，使其片与片的间距均匀成环形，并围在垫底原料外，注意接口要衔接自然。

图4-4-5/修料
图4-4-6/围第一圈

第四步，同样的方法，再围黄瓜的第二、第三、第四层，最后结顶时，用一

块小的梳子花刀块，用刀修成圆形并盖于顶部，成型饱满自然。

图4-4-7/围第四层
图4-4-8/成品

行家点拨

此菜看黄瓜层次分明，片的厚薄均匀，间距相等。操作过程中应注意：

1. 黄瓜直刀切梳子花刀，片片要求厚薄均匀。

2. 梳子黄瓜块，用刀轻拍排片过程，要掌握片与片之间的间距控制在1.2毫米左右。

3. 每一圈在围时，顺时针排围，接口衔接自然，层与层之间的间距相等。

相关链接

冷拼造型的点缀材料一般可以食用，常用的点缀方法有以下六种形式：点角点缀、围边点缀、组合点缀、补充点缀、盖帽点缀、垫底点缀。点缀的主要作用和价值体现在对冷拼主体部分的装饰与美化上，而不是表现点缀物的悦目和完美，喧宾夺主是不可取的。比如风味大虾，上面用生菜丝、香菜做点缀，既增加了美感，又可食用；特色时蔬卷，上面用火腿丝做点缀，色彩搭配合理，增进食欲。这两道菜都采用了围的冷菜拼摆手法。

图4-4-9/风味大虾
图4-4-10/特色时蔬卷

精品赏析

富贵菱肉、油爆大虾这两道菜是浙江省厨师节上的获奖作品，在烹调方法上采用热菜烹调，但装盘方法上往往用冷菜“围”的拼摆手法，一般围成“馒头形”或“金字塔形”。成品造型后鱼茸菱肉洁白，个头均匀，虾大小一致，层次分明，饱满美观。“围”法是中职烹饪专业学生必须掌握的一种拼摆手法。

图4-4-11/富贵菱肉
图4-4-12/油爆大虾

拓展训练

一、思考与分析

什么是围？围在拼摆时有什么要求？

二、菜肴拓展训练

根据提示，用三根香肠，切成小圆片，层层围，制成香肠片围。

图4-4-13/香肠片围

微课小讲堂

工艺流程

香肠去包装→改刀1.5毫米圆片→沿着内圈排围→第一圈围好中间用片填平→同法一直围到顶部→呈馒头形

制作要点

1. 香肠片不宜太厚或太薄，一般控制在1.5毫米。
2. 围时，要掌握每片的角度和间距保持一致。
3. 每一层围好，中间需用片将其填平，保证成品的饱满。
4. 香肠每一层之间，缩进的距离要相等，以保证层次的分明美观。

任务五 “叠”法

主题知识

叠就是将切成片形的冷菜原料一片一片整齐地叠起来，形成各种形状的过程。叠的拼摆手法是一种比较精细的操作过程，多以阶梯形为主。叠时往往与刀工紧密配合，随切随叠，叠好后一般都是用刀铲放在已经垫底及围边的冷盘原料上，可见，叠较多地运用于盖边、盖面的拼摆中。叠的拼摆手法一般选用无骨韧性、脆的原料居多。如午餐肉、火腿、桂花蜜藕、盐水牛肉等。

叠的操作要领：

第一，叠对刀工的要求很高，一般以薄片为主，长短、大小一致，且间隙相等、整齐划一，这样才能使装盘造型美观悦目。

第二，通常工艺冷拼上的叠片，需要片薄间距密；行业菜品的叠片可略厚，间距稍大，给人朴实大方感。

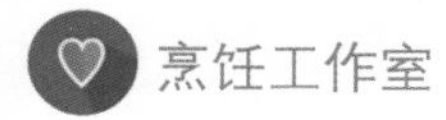

典型菜例 午餐肉拱桥形

微课小讲堂

工艺流程

午餐肉→取盖边、盖面料→切修垫底料→切修盖边料→装盖边料→切盖面料→午餐肉盖面→修整

操作用料

梅林牌午餐肉一盒（340克）

工具设备

片刀一把，菜墩一个，6寸小碟一只

制作步骤

第一步，午餐肉取下盖边和盖面两块原料，将剩余原料修成底部宽7厘米，厚3.5厘米，高7厘米的拱桥底胚。

图4-5-1/取盖边、盖面料
图4-5-2/修底胚

第二步，将修好的拱桥底胚进行改刀成块后，摆于盘中成拱桥状。

图4-5-3/改刀成块
图4-5-4/底胚

第三步，盖边原料修成长7.5厘米，宽1.5厘米的长方块，切成1.5毫米的薄片20片，排叠成10片一个的盖边面2个，分别修成底胚侧面的拱桥状，用主刀将扇面翘起，装于拱桥底胚两侧。

图4-5-5/切盖边
图4-5-6/修盖边

图4-5-7/贴一侧盖边
图4-5-8/贴另一侧盖面

第四步，盖面原料修成长 4 厘米，宽1.5厘米的长方块，切成1.5毫米的薄片

22片，片与片之间的间距为0.5厘米，用干净的白毛巾压实盖面原料，借助主刀将盖面原料装于午餐肉正上方，成型饱满美观。

图4-5-9/切盖面
图4-5-10/修盖面成直线

图4-5-11/贴盖面
图4-5-12/成品

行家点拨

此菜肴午餐肉呈拱桥形，排叠整齐，饱满美观。操作过程中应注意：

1. 取料合理，垫底原料切摆的拱桥形要平整扎实。
2. 排片时间距相等，修拱桥盖边面要和垫底面一致，保证贴面时服帖。
3. 盖面原料的长度以能盖住两个盖边扇面为宜，这样整体成型美观。

相关链接

冷盘拼摆的基本方法中，弧形拼摆法、平行拼摆法、叶形拼摆法、翅形拼摆法都用到了拼摆手法叠。弧形拼摆法主要运用于几何图形、圆形或扇形的拼摆，也用于工艺冷拼中的河堤、山坡等的拼摆；平行拼摆法又可分为直线、斜线和交叉平行拼摆法，分别运用于“梅花图”中的竹子，景观中的山、花篮的篮身；叶形拼摆主要用于树叶类物象造型的拼摆；翅形拼摆主要运用于禽鸟类为题材的冷盘造型中。比如“辛勤耕作”“吉祥肥仔”两款作品，里面的很多元素制作都用到了叠的拼摆手法，作品造型美观，题材新颖，给人以美的享受。

图4-5-13/辛勤耕作
图4-5-14/吉祥肥仔

精品赏析

脆耳卷、五香牛肉这两道菜肴，都将冷菜原料进行了切片处理，并用叠的冷菜拼摆手法，一片叠一片，片之间的间距相等，排成一排，整齐地盖于垫底料上面，造型呈拱桥形，美观自然。这种装盘手法在冷菜装盘中运用广泛。

图4-5-15/脆耳卷
图4-5-16/五香牛肉

拓展训练

图4-5-17/腊肠拱桥形

微课小讲堂

一、思考与分析

什么是叠？叠在拼摆时有什么要求？

二、菜肴拓展训练

根据提示，制作腊肠拱桥形。

工艺流程

腊肠蒸熟→改刀取盖边、盖面原料→切片排叠两个扇面，一个盖面原

料→余料切片打底成馒头状→放盖边扇面→盖面原料放中间→修整，呈馒头状

制作要点

1. 切的过程由外及里，先切盖边、盖面原料，再切垫底原料。
2. 拼摆过程由里及外，先垫底，再盖边，最后盖面。
3. 片的厚薄、长短、大小一致，片与片的间距相等，整齐划一。

任务六 “摆”法

主题知识

摆，又称贴，就是运用精巧的刀工和多样的刀法，把不同质地、不同色彩的冷菜原料加工成一定形状，根据构图设计的要求摆成冷盘造型图案。一般多用于工艺冷拼上，如叶形、翅膀形等。这种手法难度较大，对刀工、拼摆技术要求较高，并需要具备一定的艺术素养，才能贴出逼真、生动的形象。

贴的操作要领：

第一，灵活运用各种刀法，切配加工成型时，要求形状均匀，粗细一致。

第二，拼摆时，根据先远后近，先尾后头的原则摆各种冷盘造型。

第三，多种原料进行拼摆艺术造型时，注意色彩搭配和谐，突出主要食材的拼摆。

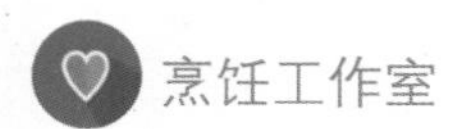

烹饪工作室

典型菜例　午餐肉摆菱形花

微课小讲堂

工艺流程

午餐肉切厚片→改刀切成长条→长条改刀成菱形块→菱形块沿内圈摆个圆→第二圈摆放块时和第一圈块要交错摆→同法一直摆到第七层→最后用一块菱形块结顶

操作用料

午餐肉1盒（340克）

工具设备

片刀一把，菜墩一个，6寸小碟一只

制作步骤

第一步，午餐肉切成1厘米的厚片2片，0.9厘米厚片2片，0.8厘米厚片2片，0.7厘米厚片1片，再改刀成厚度一致的长条。

图4-6-1/切片
图4-6-2/切条

第二步，按条的大小先后切成菱形块，并分开摆放，用厚度1厘米的块，沿小碟内圆摆放一圈，块与块之间的角度要相等。

图4-6-3/切菱形块
图4-6-4/摆第一层

第三步，第二层摆放时，每一块分别和第一层菱形块交错摆放并缩进1毫米，第三层用9毫米厚的菱形块，缩进1毫米并和第二层菱形块交错摆放一圈。

图4-6-5/摆第二层
图4-6-6/摆第三层

第四步，同样的方法，一直摆到第七层。第四层用9毫米厚块，第五层用8毫米厚块，第六层用8毫米厚块，第七层用7毫米厚块。最后用一块菱形块结顶。

图4-6-7/摆第七层
图4-6-8/成品

行家点拨

此菜肴午餐肉菱形花，层次分明，花型美观自然。操作过程中应注意：

1. 午餐肉改刀菱形块时，每一层的块厚薄、边长、角度都要一致。根据层次不同，菱形块的大小也不同。一般越往上，块就越小。

2. 每一层的菱形块摆放时，缩进1毫米交错摆放，保证层次感，花型漂亮。

相关链接

在冷菜制作中，可制成不同的卷，丰富冷菜制作原料，获得良好的造型效果。如：珊瑚卷选用萝卜为原料，用批片的方法将原料批成长片，以利于包卷原料。除了用蔬菜原料包卷外，各种蛋卷也是冷菜制作经常会用到的，最常见的是蛋皮卷，也可在蛋液中添加蔬菜汁，取得所需要的色彩效果。以菜汁鱼茸卷的制作为例：

（1）操作用料

净鱼肉200克，生粉50克，精盐10克，味精 5 克，菠菜汁30克，蛋液50克。

（2）工艺流程

菜汁鱼茸卷的制作：鸡蛋调匀→摊成蛋皮→净鱼肉加少许水制成茸→加入精盐、味精拌匀→加入干淀粉拌上劲→加入菠菜汁调上色→蛋皮修切成方块→嫩面朝下，撒上干淀粉，铺上鱼茸，摊平→卷成直径 3 厘米筒状→用保鲜膜包好→放入蒸笼内，蒸15分钟→取出，晾凉

（3）制作要领

蛋黄要充分调匀，摊蛋皮时用小火，保证蛋皮质量。

鱼肉加水制成茸时要尽量粉碎细腻；加生粉的量要视所需卷的软硬度而定，要求鱼茸卷硬些，加入生粉适当多点，反之就少点。菜汁调色时，要搅拌均匀。

3 厘米粗细的鱼茸卷，上笼蒸的时间在15分钟左右，1 厘米粗细的鱼茸卷蒸的时间控制在 3 分钟左右，时间太长蛋皮容易脱落，太短不易成熟。

图4-6-9/镜花缘
图4-6-10/鸳鸯戏水

精品赏析

白萝卜、黄瓜作为食材，在冷菜制作中运用十分广泛，为了让酱萝卜、糖醋黄瓜提升品质，厨师们不但在味道上下了功夫，而且在造型拼摆上选择相对较难的冷菜手法“摆”，成品拼摆成精美的花型。给食客眼前一亮的感觉。

图4-6-11/酱萝卜
图4-6-12/糖醋黄瓜

拓展训练

一、思考与分析

什么是摆？摆在拼摆时有什么要求？

图4-6-13/萝卜卷花

微课小讲堂

二、菜肴拓展训练

根据提示，选用新鲜白萝卜200克，胡萝卜30克，精盐15克，白萝卜批成薄片腌制，胡萝卜切丝，卷成萝卜卷，改刀成菱形段，制作萝卜卷花。

工艺流程

白萝卜滚刀批去皮→再批成1毫米的薄片，放入盐水中略腌→胡萝卜切

成火柴梗丝→萝卜片摊平，放上胡萝卜丝，卷成萝卜卷→改刀成菱形块→拼摆成花型

制作要点

1. 萝卜卷的片要求批的厚薄均匀，1毫米薄为宜。

2. 每根萝卜卷的大小不超过1厘米，卷的每一层都要紧实。

3. 切菱形卷段时角度要一致，边长距离相等。

4. 每一层拼摆时，底部靠紧，上面略微分开；层与层之间缩进0.3厘米左右，萝卜卷段摆放时要交错拼摆。

项目小结

本项目主要介绍了六种冷菜拼摆手法的概念、造型与规格。学习了制作冷拼的六种手法，掌握单碟冷拼的制作要求和成品特点。其中冷拼的六种基本手法、单碟冷拼的制作要领是本项目学习的重点。通过烹饪工作室中量化用料、规范操作，精品赏析，拓展训练，让大家在标准化操作流程、精准化用料中，养成节约食材、垃圾分类及对作品追求完美的工匠精神与实践创新能力。

项目测试

考核内容（一）　香干丝堆

1. 考试时间：10分钟

2. 考核形式：实操

3. 考核用料：香干5块（80克）

4. 考核用具：菜墩一个，片刀一把，6寸圆盘一只，白毛巾一条

5. 考核要求：

（1）切丝前，先去硬边。

（2）丝的成形符合规格要求，香干丝规格为：5厘米×0.1厘米×0.1厘米。

（3）丝的粗细均匀，长短一致。

（4）作品成型饱满美观，呈高度7厘米的宝塔形。

（5）操作后，个人操作区域卫生打扫干净，物品摆放整齐。

（6）超时2分钟内，每分钟扣总分5分，2分钟外视为不合格。

考核内容（二）　火腿肠片围

1. 考试时间：15分钟

2. 考核形式：实操

3. 考核用料：火腿肠 3 根

4. 考核用具：菜墩一个，片刀一把，6 寸圆盘一只，白毛巾一条

5. 考核要求：

（1）火腿肠切成0.2厘米的小圆片。

（2）围叠时，火腿肠片与片间距0.3厘米，层与层间距0.3厘米。

（3）作品成型饱满美观，呈高度 7 厘米左右的馒头形。

（4）操作后，个人操作区域卫生打扫干净，物品摆放整齐。

（5）超时 3 分钟内，每分钟扣总分 5 分，3 分钟外视为不合格。

项目评价

六种手法评价

指标 得分 任务	操作速度	标准数量	色泽恰当	刀工处理	口味适当	造型美观	卫生安全	合计
	10	10	10	20	20	20	10	
堆								
排								
扣								
围								
叠								
摆								

学习感想

项目五　常见组合冷拼

项目描述

组合冷拼是指两种或两种以上的冷菜原料组合拼摆在一个盘内。一般有双拼、三拼、手碟拼盘、什锦拼盘等多种不同的形式。组合冷拼的特色体现为不同原料、不同色泽、不同口味之间的组合搭配。在掌握一般刀工技法和拼摆外，还要突出拼摆的技法、硬面和软面的结合、色彩的排列组合，以及营养组配。装盘时一般分为三个步骤，第一步垫底，第二步盖边，第三步盖面。

本项目是学习了冷菜六种拼摆手法后，通过对组合冷拼的进一步学习，使学生提高冷菜制作技能，掌握相关知识，更好地适应冷菜岗位工作。

项目目标

1. 了解双拼、三拼、手碟拼盘、什锦总盘、荷花总盘的概念、类型和特点。
2. 明确双拼、三拼、手碟拼盘、什锦总盘、荷花总盘的造型与规格要求。
3. 学习制作常见的组合拼盘。
4. 掌握常见的组合拼盘制作要领和菜品特点。
5. 培养精益求精的职业品质，强化工匠精神的养成。

项目实施

任务一　“双拼”制作

主题知识

双拼，又称对拼、两拼等，就是把两种不同的冷菜原料装在一个盘里。双拼讲究刀工整齐，选用的冷菜色泽搭配和谐，口味要有差异，形式多种多样。有的将两种冷菜各装一半，相互对称；有的将一种冷菜先装在中间，另一种围在四周，或摆在上面。

常见的双拼制作类型有馒头形双拼、桥洞形双拼、印章形双拼等。要体现造型美观，色彩分明，形态饱满的冷菜风味特色。

双拼的操作要领：

1. 常见的双拼，要求两种冷菜各占一半，成型一致，相对称。如双色拼盘、高双拼等。

2. 选用的双拼原料在色泽、口味、质地等方面要有所不同，突出双拼的特色。

3. 需要盖面的双拼，片的厚薄、大小，片与片的间距均要相等，这样成品才精致美观。

烹饪工作室

微课小讲堂

典型菜例　拱桥形双拼

工艺流程

午餐肉取盖面、盖边料→余料打底成拱桥形→盖边、盖面→黄瓜切成梳子块→淡盐水略腌→修整围在午餐肉不盖边的一侧→两者高度、宽度一致

操作用料

午餐肉一盒（340克），黄瓜两根，精盐少许

工具设备

片刀一把，菜墩一个，圆盘一个

制作步骤

第一步，选用午餐肉和黄瓜做双拼原料，先取下1.5厘米厚的两块午餐肉作盖边、盖面用，将余下的原料修成底部跨长 8 厘米，高 8 厘米，宽 4 厘米的拱桥底胚，并改好刀成块后，装于盘中。

图5-1-1/选料
图5-1-2/取盖面料

图5-1-3/修底胚
图5-1-4/改刀

第二步，取一块盖边原料午餐肉，切成长8.5厘米，宽1.5厘米，厚 2 毫米的长方片，共10片，在切片时要随切随叠，排叠成长方形状，用刀修成半圆状。

图5-1-5/切片
图5-1-6/盖边

第三步，用主刀铲起盖边原料，整齐地摆放在午餐肉外侧。用另一块盖面原料切成长4.3厘米，宽1.5厘米，厚 2 毫米的长方片，随切随叠，排叠成一条直线，用主刀微微修整后，把盖面装于午餐肉的顶部。

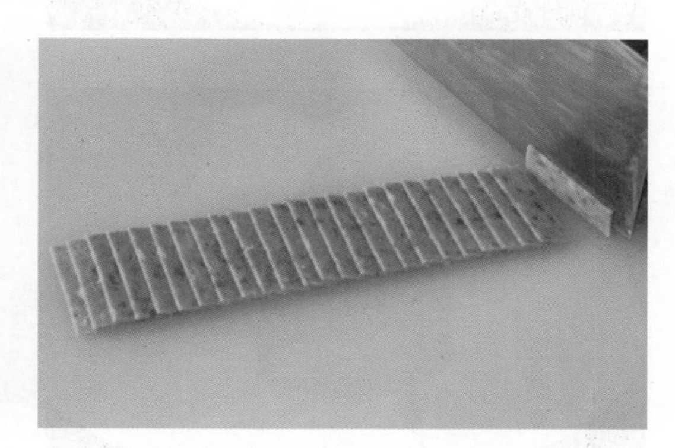

图5-1-7/装盖边
图5-1-8/切盖面片

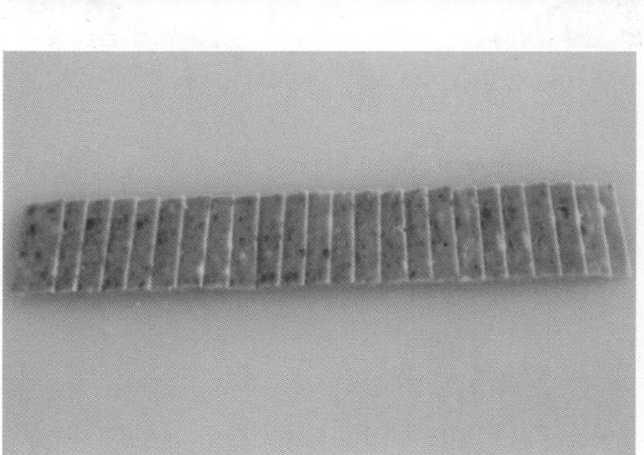

图5-1-9/修直
图5-1-10/装盖面

第四步，把洗净的黄瓜一剖为二，用直刀切成梳子块，用刀轻拍梳子块，使黄瓜片与片略微分开，间距相等，块的根部不平处，可以用小刀去除一部分，便于拼摆。

图5-1-11/切梳子块
图5-1-12/刀轻拍

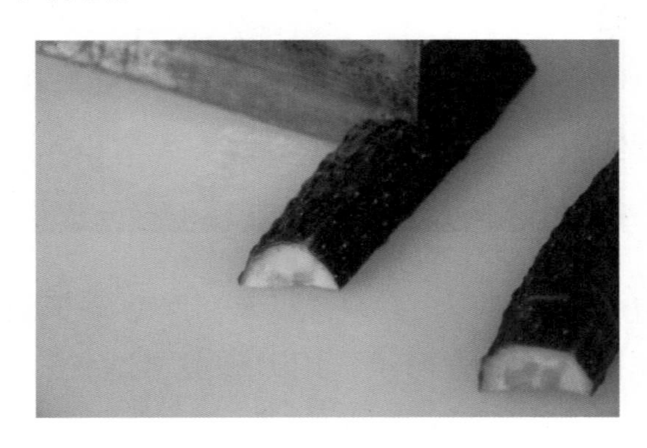

第五步，将轻拍过的梳子黄瓜块围在午餐肉的内侧面，围时要沿着午餐肉的弧形摆，不能超出或不到弧线，宽度控制在4.3厘米，一层叠一层，直到与午餐肉同一高度，接口过渡自然，作品整齐美观。

图5-1-13/围叠黄瓜（1）
图5-1-14/围叠黄瓜（2）

图5-1-15/成品黄瓜面
图5-1-16/成品午餐肉面

行家点拨

此菜肴刀面整齐美观，形如拱桥，饱满齐正。操作过程中应注意：

1. 午餐肉与黄瓜的体积为1：1。
2. 硬面的底部跨度为 8 厘米，高8.5厘米，宽4.5厘米。
3. 午餐肉的盖边原料10片，盖面原料22~24片，片的厚薄均匀、间距一致。

4. 梳子花刀要求片片均匀，围时沿着午餐肉拱桥的弧度围，保持体积一致性。

相关链接

冷菜拼摆的基本原则——硬面与软面相结合

硬面与软面是冷拼制作的术语。硬面是指选用规整原料加工成整齐形状做成的刀面，软面一般是指选用不规整原料，堆放成不规则的形状。在冷拼制作中硬面与软面要结合使用，以起到制作快捷方便、相互协调、更加美观的作用。

在拼合冷拼制作中，多种原料放在一起，硬面与软面相结合，造型就不呆板，如双色拼盘中的方腿与葱油萝卜丝搭配，三色拼盘中的烤里脊与酸辣莴笋、盐水虾之间的结合就显得造型变化多样。

在主题艺术冷拼制作时，硬面与软面的结合要求更高，软面作为垫底原料，不仅要求摆放工整，还要求垫底成一定的造型，如制作锦鸡冷拼，垫底原料要堆放成锦鸡的形状，硬面原料覆盖在垫底原料上，锦鸡就栩栩如生了。

精品赏析

在一次全国职业院校技能大赛中职烹饪技能大赛中，冷拼的规定项目是“半球形”，其制作标准和要求是：选用午餐肉（220克）、白萝卜（约300克）。白萝卜切丝（软面）成型，火腿切片两层刀面覆盖（硬面）成型，两者体积相当且之间有约0.5厘米的齐直缝隙。以下作品成型饱满，刀面整齐美观，间隙干净清晰，是国赛上的金牌作品。

图5-1-17/双拼（浙江）
图5-1-18/双拼（江苏）

拓展训练

一、思考与分析

什么是双拼？双拼在操作时有什么要求？

二、菜肴拓展训练

根据提示，制作拱桥形高双拼。

图5-1-19/拱桥形高双拼

微课小讲堂

工艺流程

午餐肉取盖面、盖边料→余料改刀成拱桥底胚→盖边、盖面→白萝卜去皮切细丝→堆放在午餐肉的一侧→成品两者原料高度、宽度一致

制作要点

1. 取料合理，刀面片大小一致。
2. 午餐肉的拱桥底胚要结实，并计算好宽度与高度。
3. 软面萝卜细丝，粗细均匀，堆放的高度、宽度、形状要与午餐肉一致。
4. 高双拼的总重量控制在500克左右。

任务二　“三拼”制作

主题知识

三色拼盘，简称“三拼”，根据三拼的制作要求，选择三种不同颜色、不同口味、不同原料制成的冷菜装在一个盘内，形成一个完美组合的整体。三拼图案美观，色彩分明，形态饱满，体现荤素三种不同冷菜风味特色。常见式样有馒头形、桥梁形、菱形、花朵形。至于“四拼”“五拼”等都属于同一类型，拼摆原理一样，拼摆的手法要复杂些。

三拼的操作要领：

第一，制作前，选择的冷菜原料，在颜色、口味、质感上要不同，同时要合理安排好每种原料的数量，拼摆的角度等。

第二，三拼的垫底要扎实整齐，需刀工处理盖面的冷拼，要保证片厚薄均匀，间距相等，以盖实垫底原料为宜。

第三，抽缝叠角形式的三拼，每种材料的拼摆需要“砌墙”，冷菜原料之间是不相连的，之间有条整齐的小缝隙，这类形式的三拼难度相对较大。

烹饪工作室

典型菜例　高三拼

微课小讲堂

工艺流程

午餐肉取盖面料→余料改刀成拱桥初胚→午餐肉片盖面→黄瓜切成梳子花刀块略腌→拍开修整后围在午餐肉的一侧→宽度高度与午餐肉基本一致→白萝卜改刀成条→排放在午餐肉的另一侧→宽度高度与午餐肉基本一致→成品拱桥形，体积比例为1∶1∶1

操作用料

午餐肉一盒（340克），黄瓜两根（300克），白萝卜一段（300克），精盐少许

工具设备

片刀一把，菜墩一个，12寸腰盘一只，白毛巾一条

制作步骤

第一步，取12寸腰盘一只，先将午餐肉改刀，取出一块做盖面料，其余原料改刀成块，堆放成拱桥形，使之成为底部跨度为 8 厘米、高度8.5厘米的圆弧形。

图5-2-1/用料
图5-2-2/摆拱桥状

第二步，随后将盖面料切成长4.5厘米、宽 2 厘米的薄片，叠放起来，片与片的间距为 1 厘米，整个刀面22～24片，覆盖在拱桥上。

图5-2-3/叠片
图5-2-4/盖面

第三步，黄瓜对剖后，切成梳子花刀块，用淡盐水略腌，用刀拍开梳子块修整后，叠围在午餐肉的一侧，叠围时的高度和宽度与午餐肉保持一致。

图5-2-5/围黄瓜
图5-2-6/宽度、高度一致

第四步，将去皮后的白萝卜，改刀成长4.7厘米，宽和高均为 1 厘米的长条，排放在午餐肉的另一侧（宽度和高度与午餐肉相同）。

图5-2-7/摆萝卜条
图5-2-8/成品

行家点拨

此菜肴拼摆成的形状呈拱桥形，体积比例为1∶1∶1，刀面整齐美观，红白绿三色相得益彰。操作过程中应注意：

1. 午餐肉拱桥底胚要扎实平整，盖面的片要厚薄均匀，片与片的间距要相等。

2. 黄瓜梳子花刀，片的厚薄控制在1毫米，梳子块腌制时间不宜太长，围时注意排片要均匀，宽度、高度和午餐肉保持一致。

3. 萝卜条的粗细均匀，摆放时，萝卜条的角度一致，沿着午餐肉的边进行交叉叠放。

相关链接

冷拼造型的食用性和艺术性，是通过拼摆来实现的，因此，掌握冷拼拼摆的基本步骤是非常重要的。冷拼拼摆一般可分为垫底、盖边、盖面和点缀四个基本步骤。

1. 垫底是拼摆过程最基础的操作步骤。把修整下的边角、质次的或不易成形的块、片等原料，垫在盘的中间。垫底的作用体现在两方面：一是物尽其用，降低成本；二是起烘托主料的作用，冷盘更饱满、丰富和充实。但垫底原料也不能太碎小或太大，影响食用与美观。

2. 盖边也称围边，就是把相对整齐的冷菜原料经过刀工处理以后，拼摆覆盖在垫底原料的边沿上，盖边的原料要切得厚薄均匀，大小一致，覆盖时要到位。

3. 盖面就是选用质量最好的原料，经过刀工处理及拼摆后，使之整齐地覆盖在垫底原料的上面，并压住盖边原料一端，使冷盘造型饱满、整齐又美丽。

4. 点缀就是在冷盘造型主体拼摆结束后，为了造型更完整和完美在冷盘边上或菜上做适当的美化。

精品赏析

与传统三拼冷盘比较，现代餐饮流行的冷菜拼盘中已经融入西餐元素，并不十分注重刀工和造型，而是在器皿选用、色彩搭配、口味不同上下功夫，以下的菜品就是比较典型的菜例，注重实用性和食用性可见一斑。

图5-2-9/糟味三拼
图5-2-10/卤水三拼

拓展训练

一、思考与分析

什么是三拼？三拼在操作时有什么要求？

二、菜肴拓展训练

根据三拼制作要求，可选用午餐肉、胡萝卜、白萝卜制作抽缝三拼，成型为半球形，刀面干净整齐美观。

工艺流程

取三拼盖面原料各 2 块→三种余料分别修成扇形块→分三个面，每个扇面120度→每种原料余料分别填满空缺→每个扇面间隔 5 毫米→改刀切片，排叠扇面→分别盖于对应的原料上面→微调整，成品饱满，刀面整齐美观

图5-2-11/半球形三拼

微课小讲堂

制作要点

1. 合理取料，质优整齐的冷菜原料做盖面，略次原料用于垫底。
2. 三个面的角度均为120度，每个扇面之间留 5 毫米的间隙。
3. 取片要均匀，不能太薄，排片过程中片与片的间距合适。
4. 借助干净毛巾等轻按刀面，便于片与片之间相互粘连。
5. 每个面的两个小扇面距离要相等，三个面每一条圆弧应在同个圆上。

任务三 “手碟拼盘”制作

主题知识

手碟拼盘，又称“各客冷拼”，是分餐的一种形式，主要运用于高档宴席。根据制作主题和设计要求，选用多种色彩、口味、质地等不同的冷菜原料，运用排、叠、摆等拼摆手法设计造型，拼盘造型图案美观，色彩分明，形态自然，体现不同冷菜的风味特色。手碟拼盘在餐具的选择上以长方形盘和圆形盘为主。

手碟拼盘的操作要领：

第一，根据客人的需求来设计手碟冷拼的主题和图形，如以喜庆为主题的，在设计的时候可以考虑用明虾做灯笼，用三文鱼做花卉等元素，突出冷拼造型的吉祥欢乐之感。

第二，制作时，要遵守先主后次的拼摆原则，即先给主题形象定位、定样和定色，然后对次要题材进行拼摆，这样对整体布局的控制就容易把握了。

典型菜例　手碟冷拼

微课小讲堂

工艺流程

青萝卜拉刀切片，叠拼成荷叶→胡萝卜切片，拼摆成荷花蕾→蒜苗做枝干→鱼茸卷改刀块，放根部→排放虾卷、鳕鱼卷、牛奶木瓜块、寿司卷→摆放明虾→小荷叶点缀

操作用料

胡萝卜20克，青萝卜20克，明虾30克，牛奶木瓜30克，鳕鱼卷20克，白萝卜10克，胡萝卜15克，蒜苗10克，寿司卷20克，鱼茸卷20克，明虾卷25克，芥蓝10克

工具设备

片刀一把，菜墩一个，12寸圆盘一只

制作步骤

第一步，青萝卜去薄皮，修成长 3 厘米的水滴状，用拉刀切成薄片，轻按薄片成叠片状，装于白萝卜雕的底托上，制成小荷叶。

图5-3-1/用料
图5-3-2/摆荷叶

第二步，胡萝卜切成 3 厘米长， 3 毫米厚的长方块，修成柳叶状，用拉刀切成薄片，轻按成叠片状压实，把胡萝卜片修成荷花花瓣状，拼摆成荷花花蕾。青萝卜皮雕的花托装于花蕾根部，蒜苗做枝干分别装于荷花和荷叶下方，自然弯曲。

图5-3-3/摆荷花苞
图5-3-4/装枝干

第三步，蔬菜汁鱼茸卷切成1厘米的块，拼摆在蒜苗根部，用 4 根长短不一的蒜苗丝，顺一个方向摆成水草形状。

图5-3-5/摆鱼茸卷
图5-3-6/做水草

第四步，改刀后的虾卷，排放在鱼茸卷的右下方，鳕鱼卷放在虾卷的旁边。

图5-3-7/摆虾卷
图5-3-8/摆鳕鱼卷

第五步，牛奶木瓜去皮后，改刀成 1 厘米厚的块，排成两排，放于鳕鱼卷旁，寿司卷改刀成长短不一的圆柱体放于牛奶木瓜的左上方。

图5-3-9/摆牛奶木瓜
图5-3-10/放寿司卷

第六步，芥蓝改刀成 3 毫米的圆片放于最下侧，修整好的明虾整齐地排在芥蓝上面，用青萝卜雕刻两片小荷叶做点缀即可。

图5-3-11/明虾做直线
图5-3-12/小荷叶点缀

行家点拨

此菜肴以荷为主题，食材选择独特，口味丰富，造型美观。操作过程中应注意：

1. 针对不同的接待要求，选择适宜的各客造型，体现热情好客、生动活泼、美丽大方、优雅别致等特点。

2. 冷菜原料选择上，控制色彩搭配要和谐，荤素比例适当，注重食用性。

3. 刀工处理时，掌握片、段、块的大小、厚薄要均匀，排叠时不但间距要相等，而且按预定的构图，排叠出相应的造型。

相关链接

营养平衡是指人体所需要的营养素供给量达到全面的平衡。而冷拼中的营养平衡包括合理选料、合理加工、合理组配等方面。合理选料，我们常说的荤素搭配，从组合冷拼的原料选择中可以看出。双拼选用一荤一素，三拼选用一荤二素，二荤一素搭配，体现荤素搭配的原则。合理加工，如蔬菜原料焯水时间不宜过长，防止变色影响口感和观感，多用拌、炝、煮等低温加热的烹调方法，减少对原料营养素的破坏。合理组配，是在合理选料的基础上，主要是掌握冷菜原料的用量，如手碟拼盘，用多种不同的冷菜原料制作，荤素搭配合理，分量控制在100克左右。

精品赏析

各客冷拼通常在高档酒店或主题会所中用于分餐形式，制作精细，突出主题。下面所示为几款全国中职院校技能大赛各客获奖作品。

图5-3-13/获奖作品

图5-3-14/获奖作品

图5-3-15/获奖作品

图5-3-16/获奖作品

拓展训练

一、思考与分析

什么是多拼？多拼在操作时有什么要求？

二、菜肴拓展训练

根据手碟拼摆的制作要求，选用五六种冷菜原料设计主题为“夏韵”的各客冷拼造型，根据不同冷菜原料的特点，充分利用原料的色泽、形状、口感设计手碟拼盘，注意突出食用性，色彩搭配，运用不同的拼摆方法，以简洁明快为上乘，完成作品造型。

图5-3-17/夏韵

微课小讲堂

工艺流程

小黄瓜切片摆成荷叶→樱桃番茄改刀做成荷花苞摆于荷叶上面→用草莓、虾片、鳗肉卷、萝卜卷改刀做成假山→枝干做好连接→藕切成圆片放于枝干底部→雕好的三潭印月做点缀

制作要点

1. 荷叶、荷花苞制作时刀工要精细，叠片均匀，成型要写意。
2. 假山制作时，层次分明，错落有致，色彩搭配鲜明，突出食用性。
3. 枝干连接时，注意画面的生动性，体现作品的逼真。
4. 点缀的食材要起到画龙点睛的效果，突出主题“夏韵”。

微课小讲堂

任务四　什锦总盘

主题知识

什锦总盘指的是将多种不同的冷菜原料，按照荤素搭配、色彩协调、数量恰当等原则，经过刀工处理拼摆在一起的总盘，其效果为拼盘图案悦目，造型整齐美观，给人心旷神怡的感觉。

什锦总盘是浙江省中式烹调师考试中较为复杂、较为传统的组合冷盘。它注重的是原料的荤素搭配，色彩的美观和谐，考验的是制作者精湛的刀工刀法，以及制作者高标准的冷菜拼摆技巧。什锦总盘要求8个刀面平均等分，一般每个刀面10片，强调的是每个刀面片数要一致、刀面大小要一致，因此在拼摆过程中片与片的间距要一致，成品比较规整。同时要求垫底原料与刀面原料一致、规格一致。

什锦总盘的操作要领：

第一，打底光滑平整，以达成品面平的效果。

第二，刀工处理要求粗细、大小均匀，在拼摆过程中，保证每一个刀面大小、角度的一致。以达线直、片匀的效果。

第三，注意暖色原料与冷色原料的分开，以达色匀的效果。

第四，荤素搭配要合理。

烹饪工作室

典型菜例　什锦总盘

工艺流程

选料→打底→刀面拼摆→结顶

操作用料

蛋黄糕400克，蛋白糕400克，大青瓜 2 根，胡萝卜 2 根，白萝卜 1 根，虾 8 只

工具设备

片刀一把，菜墩一个，16寸圆盘一只

制作步骤

第一步，白萝卜取片切丝打底，将蛋黄糕、蛋白糕、大青瓜、胡萝卜取长11厘米、宽2.5厘米左右的坯料。

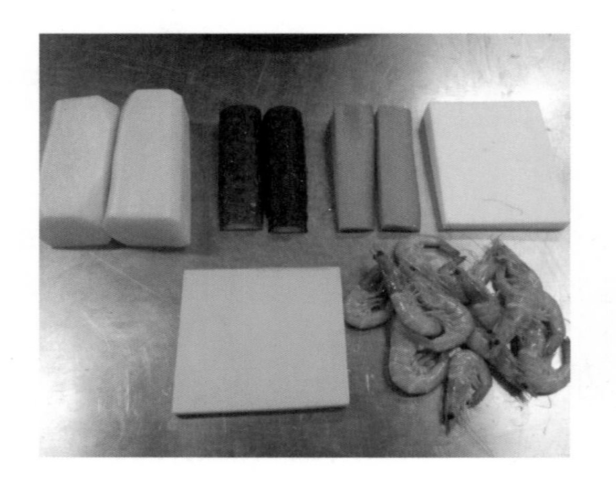

图5-4-1/原料
图5-4-2/打底

第二步，将蛋黄糕、蛋白糕、大青瓜、胡萝卜分别取20片，各拼摆出10片的刀面两个。

图5-4-3/取片
图5-4-4/拼摆

图5-4-5/拼摆
图5-4-6/拼摆

第三步，以大青瓜和虾为原料结顶。

图5-4-7/结顶

图5-4-8/结顶

行家点拨

此菜肴线直、面平、片均、色匀，饱满丰厚。操作过程中应注意：

1. 打底确保整个面的平整，以达到面平的效果。

2. 取片时保证每一片原料的均匀度，同时应该保证每一片之间的拼摆要间距一致。

3. 注意各个刀面色彩的搭配，以达和谐色匀的效果。

相关链接

什锦菜在很多地方又被称为是十样菜，什锦菜在南京是一道很出名的素菜。而锦州什锦小菜是由小黄瓜、芹菜、豇豆、油椒、小茄子、小芸豆、地梨、芥蓝和生姜等十多种鲜嫩蔬菜再加上剥皮杏仁，经过特制虾油腌制而成。什锦菜在很多菜式中都可以使用到，具体什锦菜的用量要根据做的是什么菜式而定。

“锦州小菜”以传统的“什锦小菜”为代表。“什锦小菜”采用顶花带刺的小黄瓜、油椒、豇豆、芹菜、小茄子等十种鲜嫩蔬菜，经特殊生产工艺加工后，用优质虾油调制而成。锦州靠近渤海湾，地理位置特殊，气候温和，雨量适宜，夏季高温多湿，日照好，无霜期长，为锦州小菜的原材料种植和收购提供了优越的自然条件。每年春季渤海湾盛产大量的乌虾，收购后按照传统工艺自行酿造虾酱，并用自己酿造的虾酱生产优质虾油，作为小菜生产的主要原料。小菜生产所需的小黄瓜、油椒等，也是自己繁育优良种子，建立种植基地，传授种植技术，组织生产，按标准进行收购，并按严格特殊的生产工艺加工腌制。优质的原料加之传统与现代科技相结合的生产工艺，使“什锦小菜”加工精细，菜码整齐，色泽碧绿，清脆爽口，营养丰富，堪称“食林一绝”。

精品赏析

天坛：以蛋黄糕、红肠为原料，在原有的什锦总盘的基础上增加了层次，同时雕刻出天坛的顶部，在方法上与传统的做法是一致的，百变不离其宗。

图5-4-9/天坛

拓展训练

一、思考与分析

1. 为什么叫“什锦”总盘?
2. 怎么才能将什锦总盘的线对得更直?

二、菜肴拓展训练

根据提示，用1根胡萝卜，1根莴笋，1个心里美，半根白萝卜，200克蛋黄糕，200克盐方，200克蛋白糕，400克可口糕，20只虾，制成什锦总盘。

工艺流程

取片打底→叠刀面→盖刀面→结顶

图5-4-10/什锦总盘

微课小讲堂

制作要点

1. 打底要平整，每个原料取片打底大致控制在45度角左右大小。
2. 叠刀面间距一致，厚薄均匀。
3. 对称刀面形成的线要直。
4. 色彩搭配匀称。

微课小讲堂

任务五　荷花总盘

荷花总盘指的是将多种不同的冷菜原料，按照荤素搭配、色彩协调、数量恰当等原则，经过刀工处理拼摆在一起，制作成品外形酷似一朵盛开的荷花的总盘。

荷花总盘是在什锦总盘的基础上演变而成的总盘形式，也是浙江省中式烹调师传统考试中较为复杂的组合冷盘。它注重的是原料的荤素搭配，色彩的美观和谐，刀工的精湛，一般荷花总盘总共有6个花瓣，分别用3种或者6种原料制作6个刀面，相同原料的刀面或者色彩相对称，对称花瓣的中心线成一直线，角度间距一致，最后用番茄制作花心。

荷花总盘的操作要领：

第一，花瓣打底大小要一致，以保证做出的花瓣大小一致。

第二，刀工处理要求粗细、厚薄均匀，以保证各个刀面的清爽整洁。

第三，每个花瓣的中心线之间的角度为60度，相对称的花瓣的中心线应该成一直线。

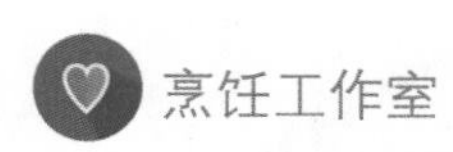

典型菜例　荷花总盘

工艺流程

选料→打底→刀面拼摆→花心制作

操作用料

小青瓜 2 根，黄结瓜 2 根，红肠 1 根，番茄 2 只

工具设备

片刀一把，菜墩一个，16寸圆盘一只

制作步骤

第一步，将青瓜、黄结瓜、火腿肉取长6.5厘米、厚 2 厘米的坯料，一侧的棱角打成圆弧状，同时将部分边角料打底做成花底坯。

图5-5-1/原料
图5-5-2/取坯

图5-5-3/打底
图5-5-4/拼摆

第二步，将青瓜、黄结瓜、火腿肉取片，并且运用叠的手法制作成花瓣的样子，将制作好的刀面铺于垫底上。

图5-5-5/拼摆
图5-5-6/拼摆

第三步，以番茄制作荷花的花心。

图5-5-7/做花心
图5-5-8/成品

行家点拨

此菜肴片均、色匀，饱满丰厚，造型逼真。操作过程中应注意：

1. 每个花瓣的底要打得大小一致，同一原料应该对称。
2. 取片均匀，片与片之间拼摆要间距一致。
3. 注意各个刀面色彩的搭配，以达和谐色匀的效果。

相关链接

图5-5-9/荷花

荷花属山龙眼目莲科，是莲属二种植物的通称。又名莲花、水芙蓉等。是莲属多年生水生草本花卉。地下茎长而肥厚，有长节，叶盾圆形。花期6月至9月，单生于花梗顶端，花瓣多数，嵌生在花托穴内，有红、粉红、白、紫等色，或有彩纹、镶边。坚果椭圆形，种子卵形。

荷花种类很多，分观赏和食用两大类。原产亚洲热带和温带地区，中国早在周朝就有栽培记载。荷花全身皆宝，藕和莲子能食用，莲子、根茎、藕节、荷叶、花及种子的胚芽等都可入药。“接天莲叶无穷碧，映日荷花别样红”就是对荷花之美的真实写照。荷花由于其“中通外直，不蔓不枝，出淤泥而不染，濯清涟而不妖”的高尚品格，成为古往今来诗人墨客歌咏绘画的题材之一。

1985年5月荷花被评为中国十大名花之一。

精品赏析

不少荷花总盘也可在原来的基础上，演变成更美观的总盘，在原料和色彩等方面更加丰富。

图5-5-10/荷花总盘
图5-5-11/荷花总盘

拓展训练

一、思考与分析

荷花总盘在拼摆时有什么要领?

二、菜肴拓展训练

根据提示，用 1 根胡萝卜，半根白萝卜，半根红肠， 1 根青瓜，150克蛋白糕，150克蛋黄糕，制作荷花总盘。

工艺流程

打底→交叉叠刀面→盖刀面→结顶

图5-5-12/荷花总盘

微课小讲堂

制作要点

1. 打底大小要一致，共打 6 个，相对的要成一直线。
2. 叠片要大小、厚薄均匀一致，修整成统一大小的叶片。
3. 花瓣饱满，成型一致。

项目小结

本项目主要介绍了双拼、三拼、手碟拼盘、什锦总盘、荷花总盘的概念、造型与规格，学习制作双拼、三拼、手碟拼盘、什锦总盘、荷花总盘，掌握组合冷拼的制作要求和成品特点。其中组合冷拼的制作要领是本项目学习的重点。通过组合冷拼的学习，培养对冷菜装盘造型的表现艺术，提升了烹饪活动中制作者审美意识和创造美的能力。

项目测试

考核内容（一）　双色拼盘

1. 考试时间：20分钟
2. 考核形式：实操
3. 考核用料：盐水方腿220克，白萝卜300克
4. 考核用具：菜墩一个，片刀一把，6 寸圆盘一只，白毛巾一条
5. 考核要求：

（1）火腿切片两层刀面覆盖（硬面）成型，片要均匀，间距要一致。
（2）白萝卜切丝（软面）成型，丝的粗细均匀，放于方腿肉的一侧。
（3）两者体积相当且之间有约0.5厘米的齐直缝隙。
（4）作品成型为半球形，刀面整齐美观，间隙干净清晰。
（5）操作后，个人操作区域卫生打扫干净，物品摆放整齐。
（6）超时 3 分钟内，每分钟扣总分 5 分，3 分钟外视为不合格。

考核内容（二）　什锦总盘

1. 考试时间：60分钟
2. 考核形式：实操
3. 考核用料：盐水方腿50克，大黄瓜 1 根，小黄瓜 1 根，蛋黄糕50克，牛奶糕50克，白萝卜500克，明虾10只
4. 考核用具：菜墩一个，片刀一把，16寸圆盘一只，白毛巾一条
5. 考核要求：

（1）垫底原料统一使用白萝卜，结顶用小黄瓜制作成黄瓜围。

（2）各种原料每个刀面要求为10~15片，间距一致。

（3）作品成型美观大方，线直、面平、片均，饱满丰厚。

（4）操作后，个人操作区域卫生打扫干净，物品摆放整齐。

（5）超时5分钟内，每分钟扣总分2分，5分钟外视为不合格。

项目评价

组合冷拼评价

指标 / 得分 / 任务	操作速度	标准数量	色彩搭配	刀工精湛	口味丰富	造型美观	卫生安全	合计
	10	10	10	20	20	20	10	
双拼								
三拼								
手碟拼盘								
什锦总盘								
荷花总盘								

学习感想

项目六　艺术冷拼制作

项目描述

冷菜是中国菜肴中颇具特色的菜品类别，也是宴席的重要组成部分。艺术冷拼是我国烹饪技术中的一朵奇葩，需要有精湛的刀工技术水平和一定的艺术修养。制作的好与不好，直接影响到食客对宴席的印象。因此需要较为讲究的、较为协调的色泽搭配以及较为优美的装盘造型等。艺术冷拼注重突出就餐者对吃的潜在欲望，这也极大地要求烹饪工作者努力研究。结合美术布局，突出寓意吉祥、布局严谨、刀工精细、食用性高等特点。这些特点已经被全国烹饪同行所认可，在此基础上积极改良创新，并有大批不俗作品问世。

冷拼也称花色冷盘、花色拼盘、工艺冷拼等，是指利用各种加工好的冷菜原料，采用不同的刀法和拼摆技法，按照一定的次序层次和位置将冷菜原料拼摆成山水、花卉、鸟类、动物等图案，提供给就餐者欣赏和食用的一门冷菜拼摆艺术。花色冷拼在宴席程序中是最先与就餐者见面的头菜，它以艳丽的色彩、逼真的造型呈现在人们面前，让人赏心悦目，食欲大振，使就餐者在饱尝口福之余，还能得到美的享受。在宴席中能起到美化和烘托主题的作用，同时还能提高宴席档次。

艺术拼摆的方法和种类多种多样，本项目介绍了花卉类造型、昆虫类造型、家禽类造型、飞鸟类造型、建筑类造型、器物类造型六部分，帮助你学习制作冷拼的造型。

项目目标

1. 了解花卉类造型、昆虫类造型、家禽类造型、飞鸟类造型、建筑类造型、器物类造型六种系列的相关知识。

2. 领会花卉类造型、昆虫类造型、家禽类造型、飞鸟类造型、建筑类造型、器物类造型六种系列的制作方法和操作要领。

3. 领悟中华传统烹饪文化内涵，培养乐于创新的职业品质。

项目实施

任务一　花卉类造型

主题知识

花卉以绚丽多彩的颜色，自古以来就受到人们的喜欢，花卉不仅起到装饰、美化环境的作用，也给人美好的精神享受。正是人们爱花、喜花，所以厨师把花卉作为主要的冷拼素材。将食物摆成各种各样的花卉，运用到冷拼制作和装饰点缀中。常见的造型有花篮、荷花、牡丹花、马蹄莲等。

花卉的操作要领：

第一，大多数选用植物性和细腻的原材料，比如：胡萝卜、心里美、蛋白糕、琼脂冻等。

第二，原料汆水的不要太熟或太生，有些原料不适合汆水。

第三，主刀要求锋利的片刀，刀工处理要求厚薄均匀，摆放饱满自然细腻。

第四，设计构思要新，布局要合理。

烹饪工作室

图6-1-1/牵牛花

典型菜例　牵牛花

工艺流程

选择原材料→初步加工成熟→改刀成形切片→摆成花和假山→竹子、叶子雕刻点缀

操作用料

熟胡萝卜100克，酥鱼100克，马蹄100克，小青瓜80克，芥蓝50克，青椒50克，冬瓜皮20克，铜钱草 6 片

工具设备

片刀一把，雕刻刀一把，菜墩一个，长方盘一只

微课小讲堂

制作步骤

第一步， 把青椒、冬瓜皮、芥蓝雕刻成叶子、竹子等。胡萝卜改刀成 5 厘米长的柳叶形，用拉刀切成厚薄均匀的片。

图6-1-2/改刀
图6-1-3/拉片

第二步，把胡萝卜片摆放成扇形，再放在食指与拇指的中间做成牵牛花，放在盘子的左上角。

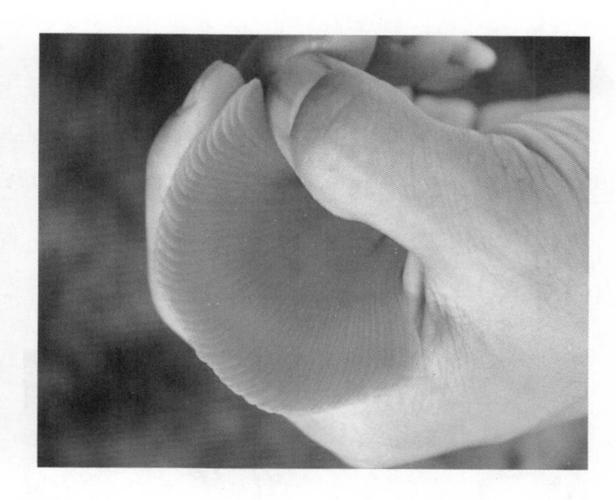

图6-1-4/摆放
图6-1-5/合拢

第三步，酥鱼、马蹄、小青瓜改刀摆在盘子的右下角。

图6-1-6/局部
图6-1-7/摆叶子

第四步，将雕刻好的叶子等点缀即可。

图6-1-8/局部
图6-1-9/局部

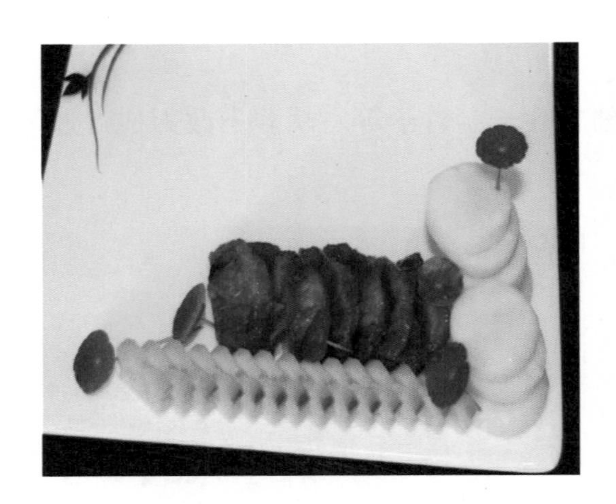

行家点拨

此菜肴胡萝卜厚薄均匀，布局合理。操作过程中应注意：

1. 柳叶片长控制在5厘米左右，片厚薄要均匀，做好的花不宜太大；
2. 牵牛花在冷拼中大多作为点缀，也可独立呈现。

相关链接

花卉类在冷拼当中经常作为主题和点缀的方式出现，采用拉刀和拼摆手法，并运用一定的技巧，拼摆成各种美丽的花。

在制作花卉类时特别要注意以下几点：1. 色彩搭配要合理；2. 片的厚薄要均匀；3. 制作时要控制好大小。

图6-1-10/彩蝶双飞
图6-1-11/荷花

精品赏析

下面两个菜品是浙江选手参加全国职业院校技能大赛的作品，尽管整体还有待改进，但牡丹花做得还是不错的。牡丹花是学习冷拼和练习刀工最常见的菜肴，也是近几年来各类大赛频频出现的主题。

图6-1-12/牡丹花
图6-1-13/花开富贵

拓展训练

一、思考与分析

花卉制作主要选择什么质地原料？牵牛花拼摆时要注意什么？

二、菜肴拓展训练

根据提示，使用与牵牛花同样的手法用蛋白糕制作马蹄莲，用各色卷切片摆成假山，火腿、萝卜卷改刀摆成小花点缀。

工艺流程

选择原材料→初步加工成熟→改刀成形切片→摆成花和假山即可

制作要点

1. 布局要合理，两朵花要有大小、高低之分。

2. 片的厚薄均匀，造型逼真。

3. 假山摆放要饱满自然。

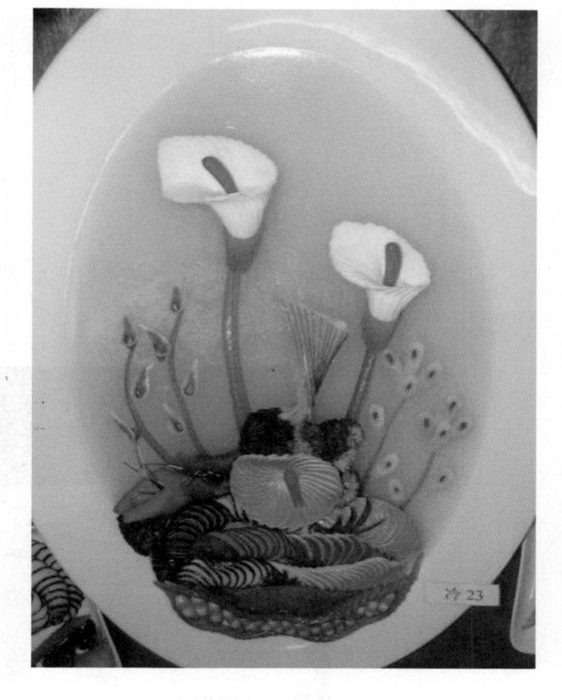

图6-1-14/马蹄莲

微课小讲堂

任务二　昆虫类造型

主题知识

昆虫的种类很多，但在冷拼中，作为冷拼题材的昆虫并不多，主要是一些色彩艳丽、形态小巧的昆虫。本任务以蝴蝶为例。

全世界有14000多种蝴蝶，大部分分布在美洲，尤其在亚马孙河流域品种最多。中国台湾地区也以蝴蝶品种繁多而著名。蝴蝶属昆虫类。翅膀阔大，颜色美丽，静止时，翅膀竖立在背上。腹部较瘦。触角呈现棒状、鼓槌状。蝴蝶包括昼伏夜出和夜伏昼出两大类。前者身体强壮并长满御寒茸毛，后者触须光滑，端部像一根球棒；前者凭气味寻找配偶，后者凭翅膀的颜色吸引雌蝶。

在冷拼制作中，蝴蝶因绚丽多彩，深受人们的喜欢。

蝴蝶制作的操作要领：

第一，制作前要熟悉蝴蝶的各种状态，事先构思。

第二，重视刀工的基本训练，刀法要熟练。

第三，打底要轻巧，不宜太厚，并计算好各个翅膀的大小，高低。

第四，比例要适当，形象生动。

烹饪工作室

典型菜例　蝴蝶

工艺流程

选择原材料→初步加工成熟→打底→改刀成形切片→层层摆成蝴蝶和假山→冬瓜皮雕刻小草点缀

图6-2-1 / 蝴蝶

微课小讲堂

操作用料

午餐肉100克，熟胡萝卜50克，熟南瓜10克，小青瓜30克，芥蓝50克，基围虾60克，蛋卷50克，蟹味菇10克，冬瓜皮10克

工具设备

片刀一把，雕刻刀一把，菜墩一个，长方盘一只

制作步骤

第一步，午餐肉打底成蝴蝶形状，冬瓜皮刻成小草备用。

图6-2-2/打底
图6-2-3/改刀

第二步，南瓜、胡萝卜、青瓜改刀成指甲形，拉成片；摆成蝴蝶的翅膀，最后组合在一起，放在盘子的左上角。

图6-2-4/拉片
图6-2-5/拼摆

第三步，熟南瓜、芥蓝、基围虾改刀摆在盘子的右下角。

图6-2-6/拼摆
图6-2-7/局部

第四步，蝴蝶摆上身子，假山小草、蟹味菇点缀即可。

图6-2-8/局部
图6-2-9/局部

行家点拨

此菜看蝴蝶布局要协调，色彩艳丽。操作过程中应注意：

1. 在制作前要熟悉蝴蝶的外形，根据餐具的大小控制好蝴蝶大小，刀工处理厚薄均匀，摆放时要细腻。

2. 布局要协调合理，适当留白，原料丰富。

3. 蝴蝶摆放要协调，完整无缺，形象生动、逼真，展翅欲飞。

4. 蝴蝶的触须、头、身体比例恰当，细节清楚、明快。

相关链接

蝴蝶属昆虫类。翅膀阔大，颜色美丽，静止时，翅膀竖立在背上。腹部较瘦。触角呈现棒状、鼓槌状。

蝴蝶的幼虫是毛虫，大多数是害虫。世界上最大的蝴蝶是巴布亚新几内亚的亚历山大鸟翼凤蝶，此蝶的翼距可达28厘米。

蝴蝶也有迁徙的习惯，例如斑蝶，它是昆虫中的旅行冠军，每年秋季它们都要从美洲大陆北部飞到南部过冬。它们在飞行过程中会有无数伤亡，到达目的地进行繁殖后不久便会死去。

在我国台湾地区最奇特的地方要数蝴蝶谷。其中，最特殊的黄蝶翠谷，是地球上唯一的生态系统型蝴蝶谷，而且是人工形成的。在台湾南部，还有一个越冬型的紫蝶谷，每年冬天都会有紫斑蝶和淡型斑蝶来这里过冬。

图6-2-10/点缀局部
图6-2-11/春晓

精品赏析

彩蝶双飞：虽然制作简单，但也是最常见的冷拼菜肴，是中职烹饪专业学生必须掌握的花色拼盘品种之一，大多数以组合或配角的方式出现。不但能考查学生的刀工水平，还能考查学生的美感。这个主题也经常在各级考试比赛中出现。下面呈现的两份作品，是全国烹饪技能大赛上获奖的优秀作品，形象生动、逼真。

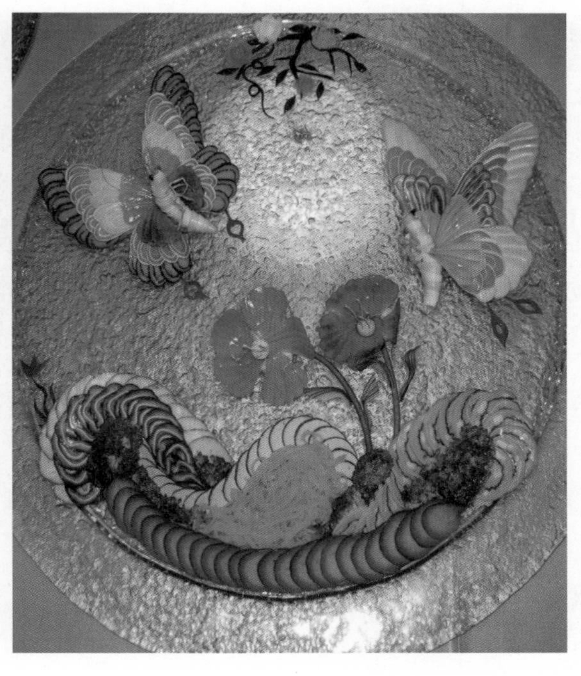

图6-2-12/彩蝶双飞
图6-2-13/蝶恋花

拓展训练

一、思考与分析

如何使蝴蝶更有动感？蝴蝶拼摆时有何要求？

二、菜肴拓展训练

根据提示，制作以蝴蝶为主题又有创新的作品“初夏”。

图6-2-14/初夏

微课小讲堂

工艺流程

选择原材料→初步加工成熟→打底→改刀成形切片→摆成蝴蝶、蘑菇和假山→冬瓜皮雕刻小草点缀

制作要点

1. 蝴蝶翅膀大小不一，摆放灵巧。

2. 用料丰富，色彩艳丽，成品要饱满自然。

任务三　家禽类造型

主题知识

家禽类冷拼在冷拼制作中占据着举足轻重的地位，是冷拼制作中最常见的一类题材，也是学习冷拼的必修内容。家禽生性活泼，在冷拼制作中常以温、柔、雅、聪、伶等仪态出现，自古以来就深受人们的喜爱。由于家禽类大多数姿态生动，而且寓意吉祥、富贵，因此在烹饪艺术中用途广泛。

家禽类造型的操作要领：

1. 对家禽类造型的形态特征、结构要熟悉。
2. 打底时，应结合雕刻方法和技巧，控制好尾巴与身体的比例。
3. 刀工处理要粗细均匀、色泽搭配要合理，成型处理要有动感。

烹饪工作室

典型菜例　锦鸡

工艺流程

选择原材料→初步加工成熟→方腿打底→酱色琼脂刻尾巴→改刀成形切片→摆成锦鸡和假山→胡萝卜、冬瓜皮刻成爪子、嘴巴和小草点缀

操作用料

方腿150克，胡萝卜50克，心里美80克，酱色琼脂80克，鱼卷20克，酱牛肉80克，芥蓝20克，基围虾50克，红肠20克，小青瓜40克，西兰花20克，蛋黄糕20克，冬瓜皮10克

图6-3-1/锦鸡

微课小讲堂

工具设备

片刀一把，雕刻刀一把，菜墩一个，14寸平盘一只

制作步骤

第一步，把方腿刻成锦鸡的身体；琼脂、胡萝卜刻成尾巴、鸡爪等备用。

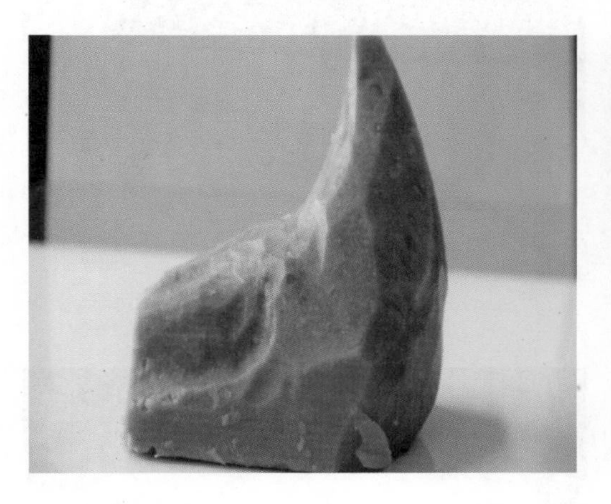

图6-3-2/打底
图6-3-3/布局

第二步，蛋黄糕、琼脂改刀成较长的柳叶形切片，摆在锦鸡身上；心里美、蛋卷切片摆成翅膀。

图6-3-4/切片
图6-3-5/拉片

第三步，酱牛肉、芥蓝、基围虾、红肠、小青瓜、西兰花改刀摆成假山。

图6-3-6/修块
图6-3-7/局部

第四步，把雕刻好的小草进行点缀即可。

图6-3-8/摆腹部
图6-3-9/局部

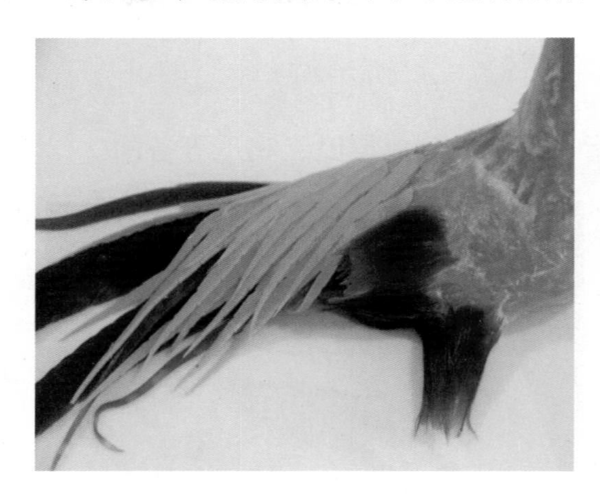

图6-3-10/局部
图6-3-11/点缀

行家点拨

此菜肴刀工精细，寓意吉祥。操作过程中应注意：

1. 控制好比例，锦鸡身子与尾巴控制在1∶2。

2. 打底非常关键，需要良好的美术和雕刻功底。

3. 锦鸡的头和打底是冷拼制作中的重点和难点，打好底可以说是已经完成了作品的一半。

相关链接

自古以来锦鸡就深受人们的喜爱，是吉祥、好运、喜庆、福气、美丽、富贵的象征。锦鸡是中国传统艺术中常见的题材。有一首土家族民间长篇叙事诗就以锦鸡为名。锦鸡是一种雉科动物，是学名白腹锦鸡、红腹锦鸡的统称。分布在陕西（商洛）、西藏、四川、贵州、云南、广西等地，属国家二级保护动物。

图6-3-12/锦鸡

雄鸟全长约140厘米，雌鸟约60厘米。雄鸟头顶、背、胸为金属翠绿色；羽冠紫红色；后颈披肩羽白色，具黑色羽缘；下背棕色，腰转朱红色。飞羽暗褐色。尾羽长，有黑白相间的云状斑纹。腹部白色。嘴和脚蓝灰色。雌鸟上体及尾大部棕褐色，缀满黑斑。胸部棕色具黑斑。

生活习性

栖息于海拔2000~4000米的山地，活动于多岩的荒芜山地、荆棘、灌木丛及矮竹间。以农作物、草籽、竹笋等为食，兼食昆虫。4月下旬开始繁殖，筑巢于人畜罕至的山坡地面的倒木枯枝下、荆棘丛里或巨岩缝隙里，以枯叶或残羽为材，非常隐蔽。锦鸡一般是成对生活的，雌鸡每窝产卵5~9枚，浅黄褐色或乳白色，光滑无斑，由雄鸡雌鸡轮流孵化，孵化期为21天。

图6-3-13/望
图6-3-14/觅食

精品赏析

制作该作品要有娴熟的刀工和美术修养。在制作时各个部位比例要恰当，特征突出；形态生动、逼真。这类题材的冷拼也是中式烹调师考试常用菜之一。下面呈现的两份作品，是全国烹饪技能大赛上获奖的优秀作品。

图6-3-15/锦上添花
图6-3-16/锦鸣花香

拓展训练

一、思考与分析

锦鸡有何寓意？拼摆时有什么要求？

二、 菜肴拓展训练

根据提示，选用寓意吉祥的花卉搭配锦鸡来制作一款“锦上添花”作品。

图6-3-17/锦上添花

工艺流程

选料→打底→雕刻→刀工处理→摆放→装盘→选料→点缀

制作要点

1. 设计布局要合理，适当留白；对锦鸡的形态特征、翅膀、尾巴的结构要熟悉。

2. 摆的过程注意色彩搭

微课小讲堂

配要合理，用料要丰富。

3. 锦鸡的尾巴比较长，是身体的两倍，可以借鉴绶带鸟的尾巴。

4. 尾巴、鸡爪和翅膀可以分开完成，然后再组合。

任务四　飞鸟类造型

主题知识

飞鸟种类很多，在冷拼中出现最多的是喜鹊。喜鹊自古以来深受人们的喜爱，在中国民间将喜鹊作为吉祥、好运与福气的象征。喜鹊叫声婉转，古书《禽经》中有这样的记载：“仰鸣则阴，俯鸣则雨，人闻其声则喜。” 鹊桥相会、鹊登高枝、喜上眉梢等是中国传统艺术中常见的题材，它还经常出现在中国传统诗歌、对联中。 在中国民间，画鹊兆喜的风俗颇为流行。此外，传说每年的七夕，人间所有的喜鹊会飞上天河，搭一条鹊桥，让分离的牛郎织女相会，牛郎织女鹊桥相会的鹊桥在中华文化中常常成为男女情缘的象征。

飞鸟类造型的操作要领：

第一，对各种鸟的形态特征以及翅膀、尾巴的结构要熟悉。

第二，确定好鸟的种类，再刻好鸟嘴、尾巴，打好底等。

第三，在摆放过程中姿态变化要求灵活多变。

烹饪工作室

图6-4-1/喜鹊

典型菜例　喜鹊

工艺流程

选择原材料→初步加工成熟→方腿打底→青萝卜刻尾巴→酱色琼脂刻成梅枝→改刀成形切片→摆成喜鹊和假山→胡萝卜、冬瓜皮刻成爪子、嘴巴和小草点缀

操作用料

方腿100克，胡萝卜60克，心里美40克，酱色琼脂50克，鱼卷50克，酱牛肉50克，卤鸭60克，基围虾50克，红肠30克，芥蓝30

微课小讲堂

克，西兰花20克，青萝卜50克，冬瓜皮10克

工具设备

片刀一把，雕刻刀一把，菜墩一个，14寸平盘一只

制作步骤

第一步，方腿垫底，酱色琼脂刻成树枝，胡萝卜、冬瓜皮刻成爪子和小草。

图6-4-2/打底
图6-4-3/拼摆

第二步，胡萝卜、青萝卜、酱色琼脂改刀成较小的柳叶形切片，摆成喜鹊；心里美改刀成长方块再切片，鱼卷切片摆成翅膀。

图6-4-4/翅膀
图6-4-5/局部

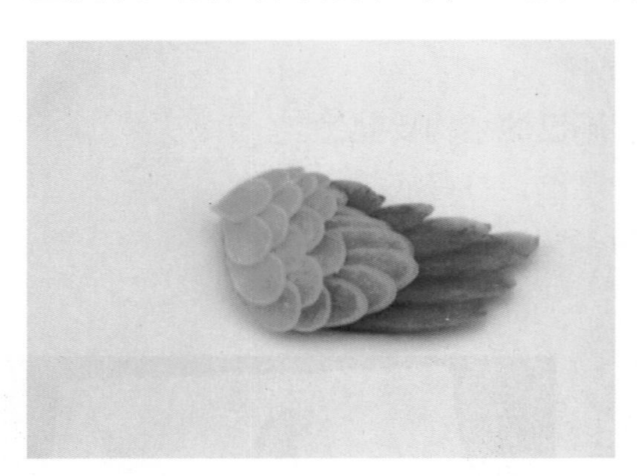

第三步，酱牛肉、芥蓝、基围虾、卤鸭、红肠、小青瓜、西兰花改刀摆成假山；把雕刻好的小草进行点缀即可。

图6-4-6/局部
图6-4-7/假山

行家点拨

此菜肴刀工精细，色彩艳丽。操作过程中应注意：

1. 喜鹊垫底极其重要，对喜鹊的形态特征以及翅膀、尾巴的结构要熟悉。
2. 布局要合理，摆放要有层次感。
3. 喜鹊的尾巴翅膀单独雕刻做好，最后粘上去，显得状态比较灵活多变。

相关链接

喜鹊是鸟纲鸦科的一种鸟类。共有10个亚种。体长40～50厘米，雌雄羽色相似，头、颈、背至尾均为黑色，并自前往后分别呈现紫色、绿蓝色、绿色等光泽，双翅黑色而在翼肩有一大形白斑，尾远较翅长，呈楔形，嘴、腿、脚纯黑色，腹面以胸为界，前黑后白。留鸟。栖息地多样，常出没于人类活动地区，喜欢将巢筑在民宅旁的大树上。全年大多成对生活，杂食性，在旷野和田间觅食，繁殖期捕食昆虫、蛙类等小型动物，也盗食其他鸟类的卵和雏鸟，兼食瓜果、谷物、植物种子等。每窝产卵5～8枚。卵淡褐色，布褐色、灰褐色斑点。雌鸟孵卵，孵化期18天左右，1个月左右离巢。除南美洲、大洋洲与南极洲外，几乎遍布世界各大陆。中国有4个亚种，见于除草原和荒漠地区外的全国各地。

图6-4-8/觅食
图6-4-9/秋趣

精品赏析

以喜鹊为主题的冷拼作品，是各类技能比赛常选的主题。制作该题材作品要有娴熟的刀工和美术修养。在制作时各个部位比例要恰当，特征突出；形态生动、逼真。下面呈现的两份作品，是全国技能大赛上获奖的优秀作品。

图6-4-10/春韵
图6-4-11/芦荡鸟语

拓展训练

一、思考与分析

喜鹊有什么特点？在拼摆中要掌握哪些要求？

二、菜肴拓展训练

根据提示，用卤香菇，心里美，火腿肉，红肠，各种鱼茸卷，来制作一幅以喜鹊为主，梅花为辅，配以假山的“喜上眉梢”作品。

图6-4-12/喜上眉梢

微课小讲堂

工艺流程

选料→垫底→雕刻→刀工处理→摆放→装盘→点缀

制作要点

1. 假山片改刀要厚薄均匀。

2. 布局要合理，点缀恰到好处。

3. 喜鹊身体羽毛摆放层次感要强。

任务五　建筑类造型

主题知识

“建筑类”是一种最为常见的冷菜造型。中国建筑，具有悠久的历史和光辉的成就。我国古代的建筑艺术也是美术鉴赏的重要对象。要制作建筑类冷菜造型，除了需要理解建筑艺术的主要特征外，还要了解中国古代建筑艺术的一些重要特点，再通过比较典型的实例，进行具体的分析研究。在艺术造型较高的工艺冷盘造型中，如“西湖春色”“曲径通幽”，形态逼真、惟妙惟肖的假山或宝塔，使用红枣等原料自然堆砌而成，给人充实、饱满的视觉感受。

建筑类的操作要领：

第一，原料刀工处理，要求厚薄、长短均匀。

第二，堆放位置要合理，成型饱满自然精细。

烹饪工作室

典型菜例　西湖春色

工艺流程

选择原材料→初步加工成熟→胡萝卜刻成塔→改刀成形切片→摆成桥和假山→冬瓜皮刻成小草点缀

图6-5-1/西湖春色

操作用料

胡萝卜100克，酱牛肉50克，西兰花20克，红肠50克，基围虾50克，各色鱼卷150克，红枣50克，冬瓜皮10克，鸡蛋干50克，卤鸭50克，小青瓜50克，青萝卜20克，南瓜100克

工具设备

片刀一把，雕刻刀一把，菜墩

微课小讲堂

一个，16寸腰盘一只

制作步骤

第一步，胡萝卜雕刻成塔，酱牛肉、西兰花、红肠、基围虾、各色鱼卷改刀摆成假山，放上塔；冬瓜皮刻成小草和桥的栏杆。

图6-5-2/假山
图6-5-3/打底

第二步，鸡蛋干切片斜角度摆成桥，放上栏杆。

图6-5-4/摆桥面
图6-5-5/局部

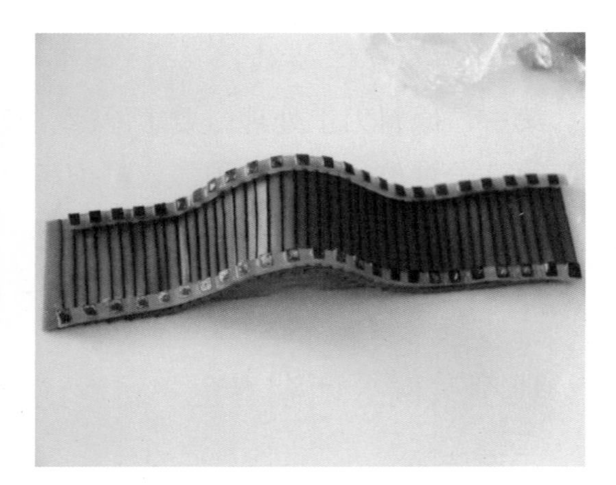

第三步，盘子的边缘摆上卤鸭等原料，刻好的荷叶点缀即可。

图6-5-6/局部
图6-5-7/整体

行家点拨

此菜肴刀工精细，饱满丰厚。操作过程中应注意：

1. 鸡蛋干摆放时片与片的距离控制在0.2厘米左右，视觉上比较精致。
2. 布局要合理，点缀要恰当，从远到近层层叠叠就像一幅山水画。

相关链接

建筑类造型在冷拼中出现的大多以房、桥梁、亭台楼阁的方式呈现。这在中国传统建筑结构上是一个重要特征 。

图6-5-8/什锦文昌塔

图6-5-9/山野

精品赏析

下面两份菜品是全国烹饪大赛的作品，制作该菜肴需要很好的美术修养和雕刻功底。江南水乡以茅草屋为主，锦绣山河以长城为主，主题突出，制作精细，构图美观。

图6-5-10/江南水乡

图6-5-11/锦绣山河

拓展训练

一、思考与分析

建筑在工艺总盘中如何搭配其他元素？建筑造型在拼摆时需要注意什么？

二、菜肴拓展训练

根据提示，以江南的小桥为主题元素，配搭乌篷船，制作一款“江南春色”的冷拼。

图6-5-12/江南春色

微课小讲堂

工艺流程

选料→垫底→雕刻→刀工处理→摆放→装盘→点缀

制作要点

1. 桥与乌篷船刀面厚薄均匀。
2. 布局要合理，点缀要巧妙，水乡味道浓郁。

任务六　器物类造型

主题知识

器物之学，最早可以追溯到 8000 ~ 10000年前，器物是远古人类在长期劳作过程中发明创造的劳动工具和生活用品，包括石器、古器、木器、陶器等。中国在仙人洞遗址中发现远古人类的器物多达上千件，为中国远古器物之学研究做出了巨大的贡献，同时为远古器物之学提供了宝贵的依据。这些出土的石器被称为旧石器，也为中国现代器物之学的演变奠定了基础。

器物类造型在冷拼制作中运用非常广泛，一般在冷拼制作中作为点缀较多。近年来器物类造型的冷拼频频出现在各类大赛并屡获大奖。

器物类造型的操作要领：

第一，熟悉各个器物的造型，合理搭配好整体造型。

第二，刀工精细，成品要有意境。

烹饪工作室

典型菜例　茶壶

工艺流程

选择原材料→初步加工成熟→午餐肉打底→改刀成形切片→摆成茶壶和假山→琼脂、青萝卜皮刻成花窗和树枝点缀

图6-6-1/茶壶

微课小讲堂

操作用料

午餐肉100克，酱色琼脂100克，蛋白糕50克，青萝卜40克，芦笋20克，红肠40克，酱牛肉40克，基围虾40克，鱼卷40克，红枣50克，山药50克，小青瓜50克，西兰花20克，毛豆5克

工具设备

片刀一把，雕刻刀一把，菜墩一个，14寸平盘一只

制作步骤

第一步，午餐肉垫底，酱色琼脂雕刻成花窗，青萝卜刻成树枝备用，琼脂切片盖面。

图6-6-2/打底
图6-6-3/盖面

第二步，酱色琼脂、蛋白糕改刀切片摆成茶壶。

图6-6-4/盖面
图6-6-5/点缀

第三步，酱牛肉、西兰花、红肠、基围虾、鱼卷等原料切片摆成假山；最后把刻好的小草点缀即可。

图6-6-6/局部
图6-6-7/局部

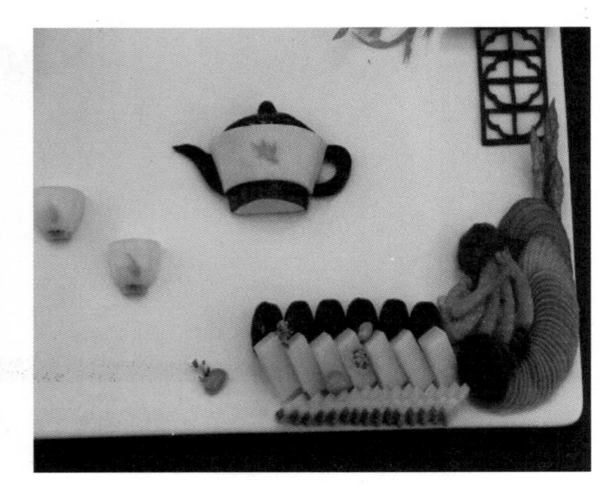

行家点拨

此菜肴刀工精细，造型新颖。操作过程中应注意：

1. 刀工一定要精细，蛋白糕在摆放时片与片距离要小。
2. 布局、点缀极其关键，需要一定的雕刻功底。

相关链接

古代器物门类复杂，包罗万象，有衣、食、住、行、文、武、礼俗等各个方面。对此，古代类书进行过粗泛的分类，如果立足现代科学，其中有些门类可以分得很细。由大类形成各小类，这些大类是：乐器、兵器、刑具、文具、舟车、牌符、服饰、纺织、工具、床帐、灯镜、礼仪、博戏、器皿、珍宝、钱币、建筑。

图6-6-10/茶壶

图6-6-11/中国风

精品赏析

茶壶：该菜品是全国职业院校技能大赛的作品，尽管整体还不是太完美，但布局做得还是不错的。器物类造型是学习冷拼和练习刀工最常见的菜肴，也是近几年来各类大赛频频出现的主题。

图6-6-8/余音缭绕
图6-6-9/花瓶

拓展训练

一、思考与分析

茶壶在冷拼中应该怎样运用？茶壶拼摆时有什么要求？

二、菜肴拓展训练

根据提示，以器物为主题设计新品“品质生活”。

图6-6-12/品质生活

微课小讲堂

工艺流程

选料→设计布局→垫底→刀工处理→摆→点缀

制作要点

1. 布局点缀极其关键，要适当留白。
2. 茶壶和牡丹花的片要厚薄均匀。
3. 茶壶制作不宜过大，摆放装盘成品要饱满自然。

项目小结

本项目主要介绍了六种不同类型的工艺冷拼相关知识，通过常见工艺冷拼的制作练习，让学生掌握不同类型工艺冷拼中原料的搭配、各种刀法的使用、常见的拼摆方法和造型方法。其中不同类型工艺冷拼的制作要领是本项目的学习重点。通过典型任务的设计，来领悟中华传统文化的内涵魅力；通过拓展训练，培养实践创新的能力。

项目测试

考核内容（一）　牵牛花

1. 考试时间：45分钟
2. 考核形式：实操
3. 考核用料：熟胡萝卜100克，酥鱼100克，马蹄100克，小青瓜80克，芥蓝50克，青椒50克，冬瓜皮20克，铜钱草6片
4. 考核用具：菜墩一个，片刀一把，长方盘一只，白毛巾一条
5. 考核要求：

（1）胡萝卜切成厚薄均匀的柳叶片。

（2）操作时，胡萝卜片与片间距保持均匀。

（3）作品成型饱满美观，有艺术感。

（4）操作后，个人操作区域卫生打扫干净，物品摆放整齐。

（5）超时 3 分钟内，每分钟扣总分 5 分，3 分钟外视为不合格。

考核内容（二）　蝴蝶

1. 考试时间：45分钟
2. 考核形式：实操
3. 考核用料：午餐肉100克，熟胡萝卜50克，熟南瓜10克，小青瓜30克，芥蓝50克，基围虾60克，蛋卷50克，蟹味菇10克，冬瓜皮10克。
4. 考核用具：菜墩一个，片刀一把，6 寸圆盘一只，白毛巾一条

5. 考核要求：

（1）制作前，先去打好底。

（2）片的厚薄均匀。

（3）作品成型饱满美观，有艺术感。

（4）操作后，个人操作区域卫生打扫干净，物品摆放整齐。

（5）超时 2 分钟内，每分钟扣总分 5 分， 2 分钟外视为不合格。

项目评价

艺术冷拼制作评价

任务 \ 指标 / 得分	图案构思	拼摆造型	色彩搭配	刀工处理	口味适当	造型美观	卫生安全	合计
	10	20	15	20	5	20	10	
花卉类造型								
昆虫类造型								
家禽类造型								
飞鸟类造型								
建筑类造型								
器物类造型								

学习感想